JN082377

新版

自衛隊も米軍も、日本にはいらない！

恒久平和を実現するための非武装中立論

花岡蔚
Shigeru Hanaoka

花伝社

序文　日本に真の平和を築くために

２０２０年1月に前書『自衛隊も米軍も、日本にはいらない！』を刊行してから３年以上が経ちました。その間に国内では２０２０年初頭からのコロナ蔓延、９月には８年近く続いた安倍晋三内閣の幕引き、その後1年続いた菅義偉内閣、そして２０２１年10月には岸田文雄内閣の誕生と、自民党の首相も３人交代しました。

２０２２年7月８日には安倍晋三氏が選挙応援中に、旧統一教会の信者２世の凶弾に倒れました。この事件で自民党の多くの議員が旧統一教会、国際勝共連合と深い関係を持っていること、そしてその系譜は岸信介元首相に遡ることも明らかになりました。

国際情勢もこの３年で大きく変化しました。２０２２年２月に始まったロシアのウクライナへの侵攻により、日本の市民の間でも、近隣のロシア、中国、北朝鮮などから不当な侵略を受けないためには強い防衛力を持たないといけないと心配する人が多くなっています。中国では習近平主席の3期目続投が決まり、2027年の任期終了前に台湾を武力で統一するのではないか、との憶測も広まっています。安倍首相（当時）などは生前、台湾有事は日本有事であると言って軍備拡張の必要性を訴えました。

自然災害では2023年2月6日にトルコとシリアで震度7・8の大地震が発生し、5万人を超える人命が失われました。

この度、『新版　自衛隊も米軍も、日本にはいらない！』を出版するにあたって、これらの国内外の情勢変化を踏まえたうえで、非武装中立の実現こそが恒久平和の唯一の道であること、大規模自然災害に対する備えはますます喫緊の課題であることを、改めて強調したいと思います。そしてこの運動の具体的目標である、防衛省廃止と防災平和省設立、国際災害救助即応隊（ジャイロ）創設の現実的な進め方と、ジャイロのより具体的な姿についても説明を加えました。

何より大切な命と日常生活を一瞬で破壊する戦争と大災害を、ともに国の責任において一挙に解決する本書の提案を、「平和を作るレシピ」としてぜひお読みいただきたいと思います。

トルコ・シリア大地震の発生は、日本での大地震発生の危険性がいかに大きいか、そしてその備えとして、本書の提案を実現する必要性がいかに高いかを実感させるものでした。2023年は10万5000人が亡くなった関東大震災から100年目の節目の年です。災害は忘れる前にやってきます。備えのための時間はあまり残っていません。南海トラフ地震は明日にも起こります。愛知、静岡などを中心に、およそ300万人が住まいを失うとの予測が、最新情報として出ています。

そして、災害は天災ですが、明日にも国民を人災である戦争に巻き込みかねないのが、岸田自公政権の軍拡への前のめり政策です。これを止める大きな世論のうねりを作るのは、今しかありません。

明治時代の「富国強兵」と、先の大戦中に政府が国策としてすすめた「産めよ、増やせよ」そっくりのスローガンが、岸田首相の口から発せられています。具体性の乏しい「新しい資本主義」という名の経済成長至上主義、敵基地攻撃準備をすすめる自衛隊の抜本的強化と軍事予算倍増の「富国強兵」政策、いつまでたっても効果の出ない自民党の少子化対策に検証も反省を欠いた、戦前回帰を思わせる「産めよ増やせよ」政策。これらには注意が必要です。

岸田内閣は国会審議をまったく経ずに、２０２２年12月16日、閣議決定だけで決めてしまった安全保障関連３文書の大幅な改定で、一挙に世界第３位の軍事大国になることをアメリカ政府に約束しました。安倍政治は戦前の軍国主義と決別した戦後の平和路線を大きく逆戻りさせましたが、岸田政権は安倍政権時代の戦争準備体制づくりをさらに急速に進めています。私たちに、もはや立ち止まって考えている余裕はありません。市民が一刻も早く世論を動かして政府の舵取りを平和の方向に変えさせない限り、日本の明日はありません。

私たちは「ピースアゴラ（平和広場）」の名前で、非武装中立日本実現の期限を２０２５年12月と決めて、以下の目標に向かって活動しています。

（1）防衛省を防災平和省に改称し自衛隊を廃止して、隊員を全員、防災と国境警備を一元管理する新官庁防災平和省に移籍する。
（2）日米安保条約を廃棄して全ての米軍基地を日本から撤去し、米軍には母国に帰還してもらう。

万一、この期限までに目標を達成できない場合は期限を1年延長し、引き続き運動を継続して実現を目指す。

この目標を実現するため、本書で私は日常のなかで感じることを基に、真に平和な日本を取り戻すための、現実的で具体的なプロセスを提起しました。そこでは、日米安保条約と自衛隊に関する私なりの見解と、あるべき姿を示しています。

岸田自公政権は現在、憲法第9条に手を加えようとするだけでなく、西南諸島など離島への自衛隊とミサイル配備を実施し、急ピッチで中国封じ込め政策を進めています。軍備拡張の背景には、「軍事力を使った国家の存立は個人の人権より大切」と教え込んだ戦前の国家主義、家族主義復活の試みが根底にあることを見破らなければなりません。

「軍備でしか平和は作れない、守れない」と主張する人々に、ぜひ、本書の内容、提案、ヒントを手掛かりとして、自信をもって正論で対抗してください。そして、名実ともに平和な日本を共に創る国民運動を、早速今日から展開しようではありませんか。

ロシアのウクライナ侵攻をきっかけに、NATO諸国は軍事費を増額し防衛力強化と称して殺人破壊兵器を増やし、軍事訓練を強化しています。迷彩服を着て顔に迷彩ペンキを塗って機関銃を構えれば殺人破壊は許され、市民が同じことを平服で行えば重罪に処せられるとはおかしな話です。

こんな野蛮をせめて日本に住む私たちはやめようではありませんか！

護憲平和運動がこれまで十分な成果を上げてこなかった理由

1995年の阪神・淡路大地震での自衛隊の救助活動ぶりをみて、国民の自衛隊に対する評価は大きく変わりました。そして2004年の自衛隊イラク派兵反対闘争では、「海外派兵には反対、専守防衛、災害時に活躍する自衛隊は容認」の主張が、護憲派や2004年にできたばかりの9条の会からも主流のように語られ、自衛隊そのものに反対する運動は急速に下火になりました。

このことに私は強い危機感を覚えてきましたが、ここへ来て「防衛費倍増、敵基地攻撃あり」の岸田〝安倍より悪〟内閣の登場です。本書は、「憲法9条を体現、自衛隊も米軍も反対」の声をあらためて上げてこれを世論にし、日本を戦争の危機から救いたいとの一念から、旧版を書き改めたものです。

さて、平和運動が一向に成果を上げない理由についてですが、それは、護憲平和勢力が自公政府の戦争準備政策に対し、自衛隊・日米安保・米軍駐留を認めて同じ土俵に乗ったうえで条件闘争を繰り返してきたからである、と断言します。

護憲平和勢力が自衛隊・米軍による抑止力が必要である、とひとたび認めたら最後、抑止力の程度をどこまで強めるか、その手段・方法・範囲などの問題に矮小化され、何を言っても水掛け論で終わります。さらに護憲の側が専守防衛か非武装かなどと意見が分かれ、運動のベクトル（力の方向性と強さ）が合っていないため、大きな力など生みだせていません。これでは抑止力そのものにストップをかけられるわけがありません。

政府防衛省と同じ土俵で相撲を取ってきたこの30年近くの護憲運動は、その過ちに気付き、すぐにも政府と違う土俵で、土俵そのものの優劣を争う運動とすべきでした。同じ土俵上では、何を言っても予算と権限を持つ政府防衛省に対して勝ち目はありません。そんな勝ち目のない条件闘争の過ちを軌道修正もせずに来てしまった結果、護憲平和運動は一向に成果が出せないでいるのです。

本書がこの、政府と本質的に違う平和づくりのレシピとして、非武装中立日本の実現にベクトルを合わせ世論を形成するお役に立てば、これ以上の喜びはありません。

新版 自衛隊も米軍も、日本にはいらない!——恒久平和を実現するための非武装中立論◆目次

第1章　改憲論議に「待った」をかけるために

1　憲法と自衛隊の成り立ちと現状

自民党や9条改憲を支持する人たちは、二言目には「野党は改憲反対と言うばかりだ。もし改憲に反対ならばきちんとした対案を出すべきである」と言います。私は「今の憲法を積極的に活かし、いまだに個々の社会生活の中で完全には実現されていない条文の理念の数々を実現することこそが対案である」といつも思うのですが、それだけでは改憲派の人たちは納得しないようです。

そこで本書では、第9条の自民党改憲案に対する対案として、現行憲法と全く矛盾しない安全保障政策を提案します。憲法を変えることなく自衛隊違憲論争にピリオドを打つ安全保障政策の決め手として、これが最善と考えるからです。

自民党は、軍隊は持たないと定めている憲法第9条の条文はそのままに、自衛隊の存在を憲法に明記しようとしています。公明党は平和の党と言われていましたが、この20年以上、改憲一本やりの自民党から片時も離れようとはしません。今や日米軍事同盟の強化と自衛隊の軍隊化の動きを猛スピードで進める自民党と一心同体です。

永田町の自民党本部の正面玄関には、「自民党憲法改正推進本部」の看板が掲げられています。また、自民党は「国と地方で憲法論議を進め新たな国づくりに挑戦します」と題されたチラシを配布し、全国の党組織を使って改憲運動を展開しています。そこには条文の新設内容として、「自衛隊の明記」を謳っています。

この、自民党の党を挙げての性急な改憲への動きに対し、全国に7000余りあるといわれる「9条の会」をはじめ、平和を求める国民はどう行動すべきでしょうか。

とりあえず、私たちはここでいったん立ち止まって考えてみることから始めませんか。自衛隊の成り立ちについて、簡単におさらいしてみましょう。

「憲法は押しつけ」「外国では何度も改正」の実際

そもそも昭和22年（1947年）に日本国憲法が施行されたとき、自衛隊は影も形もありませんでした。

改憲派の人たちはよく、「現憲法はＧＨＱ（連合国総司令部）に押し付けられた憲法」と言います。しかし実際には、終戦直後の１９４５年12月に高野岩三郎（戦後すぐのＮＨＫ会長）の提案で結成された憲法研究会によって、憲法史研究者の鈴木安蔵などが策定した「憲法草案要綱」が内閣に届けられ、記者団に発表もされました。この日本人有識者グループによる草案は、ＧＨＱが憲法草案を策定するうえでかなり重要な影響を与えています。

戦争放棄条項については、終戦間もなく就任した幣原喜重郎首相の年来の思い入れがマッカーサー元帥の心を動かしたとの説が有力です。幣原喜重郎は戦前、外務次官、駐米大使を務め、外務大臣として１９３０年ロンドン海軍軍縮会議条約を締結させた親英米派外交官出身の首相です。戦後、幣原氏が衆議院議長を務めていた当時の秘書官だった平野三郎（元岐阜県知事、衆議院議員）が１９６３年に憲法調査会に提出した報告書「幣原先生から聴取した戦争放棄条項等の生まれた事情について」も、この事実を裏付けています。ここに『マッカーサー大戦回顧録（下）』（中央公論社、初版）の一部を抜き書きしましたので少し長くなりますがお読みください。

「日本の新憲法にある『戦争放棄』条項は、私の個人的な命令で日本に押し付けたものだという非難が、実情を知らない人々によってしばしば行われている。これは次の事実が示すように、真実ではない。〈中略〉幣原男爵は1月24日（昭和21年）の正午に、私の事務所をおとずれ、〈中略〉新憲法を書き上げる際にいわゆる『戦争放棄』条項を含め、その条項では同時に日本は軍事機構は一切持たないことをきめたい、と提案した。そうすれば、旧軍部がいつの日かふたたび権力をにぎるような手段を未然に打ち消すことになり、また日本にはふたたび戦争を起こす意思は絶対にないことを世界に納得させるという、二重の目的が達せられる、というのが幣原氏の説明だった。〈中略〉この条項はあちこちから攻撃され、ことにこの条項は人間の持つ基本的な性質に反するものだと冷笑する者がいたが、私はこれを弁護して憲法に織り込むことをすすめた。」

しかしマッカーサーは職業軍人であり、完全非武装論者ではもちろんありません。この文章に続けて「第九条は、他国による侵略だけを対象にしたもので、私はそのことを新憲法採択の際に言明し、その後、もし必要な場合には防衛隊として陸兵十個師と、それに見合う海空兵力から成る部隊を作ることを提言した。」と回想していることは、事実として付記しておきます。

実際の動きとしては、すでに１９４５年10月から策定開始されていた憲法問題調査会による国務大臣松本烝治案が、幣原・マッカーサー会談後にＧＨＱに提出されました。しかし松本案はＧＨＱにすぐさま拒否され、幣原前首相のアイデアなどを取り入れたＧＨＱ作成草案が国会（衆議院・貴族院）枢密院で幾多の修正を経て承認され、現行憲法が生まれたのです。新しい選挙法による戦後初めての総選挙で選出された国会議員４６６人の中でこれに反対したのは、天皇制存続に反対する共産党の５名だけでした。

もし当時、民間提案や幣原提案なしに時の政府関係者だけで新憲法草案が作られていたら、今日のような素晴らしい憲法は到底生まれなかったでしょう。

むしろ、朝鮮戦争が勃発した１９５０年、占領軍総司令部の行政命令により押し付けられて創設した組織こそ、現在の自衛隊の前身である警察予備隊です。警察予備隊創設については、国会での審議も承認決議も何もありません。

その後警察予備隊は保安隊を経て、独立後の１９５４年7月、自衛隊になりました。この時の国会では防衛庁設置法と共に自衛隊法の国会審議が行われ、野党の反対を暴力的に抑え込む強行採決で承認決議されました。数の力で国民の多くが納得していない憲法違反とおぼしき法律を強行採決する安倍～菅～岸田政権のやり方は、ずっと以前からの自民党の御家芸だったのです。

1951年10月にサンフランシスコ平和条約が調印され、翌年52年4月に条約発効となり、日本は独立を果たしました。この時点で現在の自衛隊はまだ保安隊のままでした。

改憲を求める人々が言うように今の憲法が占領時代にアメリカから押し付けられたものだとするならば、日本が独立を果たしたその時点で、占領時代に制定された、改憲派言うところの「押し付け憲法」を改正するか、そのまま承認（追認）するか、国会の場で議論すべきだったのです。しかしその時点で議論すれば、世論の大多数が厭戦気分であった中で改憲派は勝ち目がないと知っていたからこそ議論を避けたのでしょう。

こうした歴史的事実を言わずに当時の政権与党の流れを汲む自民党が、今頃になって押し付けられた憲法であるとか、占領国が被占領国の法律を勝手に変えたのは国際法違反だったなどと言うのは、自分たちの怠慢・不作為をさておいた身勝手な主張です。

また同様に、「諸外国では何回も憲法は改正されている。日本だけ変えないのはおかしい」というのも改憲派の常套句ですが、これも話はそう単純ではありません。

日本と同様に第二次世界大戦の敗戦国であるドイツは、日本と違い戦後すぐに東西二つの国に分断され、東西冷戦に巻き込まれました。そんな状態でしたから、西ドイツは、ドイツ統一を成し遂げてから憲法は制定すべきであるとして、1949年にドイツ基本法を制定し、憲法の代わりとしてきました。東西ドイツが統一した際にはドイツ基本法を廃止して新憲法を制定すると基本法には書いてあるものの、統一がなされた1990年には基本法をいくらか改正（旧東ドイツの5州追加など）してドイツ連邦共和国基本法としています。

統一前・統一後とも基本法は何度となく改正されていますが、それは基本法が憲法同様のものとみなされてはいるものの実際は法律の一つであり、憲法改正というより法律改正のように扱われてきたからです。たとえば鉄道、郵便事業の民営化などに手が加えられ、私たちの感覚では憲法の条文改正とは思えない内容ですが、これが日本では憲法改正の一例（実は基本法の改正）として挙げられています。

改憲賛成派の勢力

データとしては少し古いですが、安倍政権時代の2019年4月11日付東京新聞に、共同通信社が実施した改憲に関する世論調査結果（2月6日～3月14日にかけて実施。全国250地点の18歳以上の男女3000人が対象、回収率64・3%）が掲載されました。私はその結果を見て、驚きとともに強い危機感をおぼえました。長期にわたった安倍自公政権の誘導により、国民が悪い方向に洗脳されてしまったのではないか、と。

改憲そのものに賛成する割合は「どちらかといえば賛成」も含めれば63％であったのに対し、「どちらかといえば反対」も含め改憲に反対する割合はわずか31％でした。改憲賛成派の最大の賛成理由は「憲法の条文や内容が時代に合わなくなっているから」が58％。そして改憲賛成派の半数以上の52％が、議論の対象は「憲法9条と自衛隊の在り方」と回答しています。

9条に自衛隊の存在を書き加える安倍首相の提案について「9条2項を維持して、自衛隊の存在を明記する」に賛成が40％、「2項を削除したうえで自衛隊の目的、性格を明確にする」が29％、合計すると69％にもなります。実に7割の回答者が、自衛隊の憲法への書き加えに賛成しているのです。

2015年9月19日に強行採決され野党が戦争法案と呼んでいる安全保障関連法についても、なんと半数以上（52％）の回答者が合憲としています。集団的自衛権行使を容認するこの法案を違憲という回答者は、わずか41％に過ぎません。

自衛隊明記に次ぐ自民党改憲の目玉である緊急事態の対応についても、「緊急時に内閣の権限を強め個人の権利を制限できる条項の新設」に対し44％が賛成し、反対の53％とほぼ拮抗しています。

世論調査の回収率64・3％を選挙の際の投票率と同じレベルと考えれば、世論調査の回答者の69％、すなわち有権者の45％近くは改憲に賛成と読み替えることもできます。

アンケートは国民投票法についても尋ねていて、「投票日の2週間前まで原則自由なテレビCMについて規制を強化すべきかどうか」の設問に対し、「規制すべき」との意見は少数の40％、「規制を強化せず資金力のある側に自由にテレビCMを許しても良い」との回答が半数以上56％もあります。現状でも45％と半数に近い改憲賛成派がマスメディアを通じて豊富な資金を使った改憲賛成の広報をすすめれば、改憲賛成票を過半数集めるのは容易でしょう。

この世論調査結果はそのまま、国政の与野党の勢力（議席数）の割合と重なっているように見えます。護憲を目指す政党の勢力は、安倍自公政権まではずっと議会の3分の1以上を維持してきたものの、議会の過半数を占めたことはありません。他方で護憲勢力が3分の1を割ったことも、安倍自公政権誕生以前にはありませんでした。

私は国政選挙の結果を見ていつも不思議に思うことがあります。

敗戦後、教育勅語は廃止され日本国民は１９４７年以来60年にわたって新しい教育基本法のもと平和・民主主義教育を受けてきましたが、安倍政権は２００７年、その教育基本法を愛国心を強調するものに変えてしまいました。しかし、少なくとも２０１７年の総選挙時に選挙権を持っていた成人男女は、教育勅語世代を除けば、民主的な教育基本法のもとで教育を受けているはずです。

それにもかかわらず、現在でも改憲を進める保守政党が多数の国民によって支持されているのはなぜでしょうか。世界に誇る平和憲法を持ちながら、非戦・非武装が当たり前の世の中にならないのはなぜでしょうか。

戦争責任を日本国民自身の手で追及してこなかったことなど、その理由はいくつもあるでしょう。

とにかく今、護憲派のみなさんはこの現実を踏まえて、自分たちの行動を考える必要があるのです。

2　護憲勢力を国会の過半数以上にする女性の力

私がどうしても理解に苦しみ、今でも期待を裏切られどおしと感じるのは、女性有権者の票の行方です。女性の参政権は1945年12月、新憲法より先に成立した普通選挙法によってはじめて実現しました。女性参政権は、戦前に始まった平塚らいてふ他の女性による粘り強い運動の成果として勝ち取った貴重な権利ですが、今やそれは平和のために生かされていないように見えてしまいます。今回の世論調査の回収率が男女とも50％（男性50・4％、女性49・6％）だったことからも残念な結果です。

日本が男性中心社会で、女性がなにかと生きづらいことは十分に理解できます。しかし、闘争本能あふれる男性に比べ、暴力を厭い平和を願うはずの女性が有権者の半分を占めながら、選挙結果で憲法を活かしていこうとする政党が過半数すら占めることができないのが私には理解できません。一体誰に、何に遠慮して、有権者（特に女性有権者）が非暴力・平和のために貴重な一票を投じないのでしょうか。

あれほどにテレビで人気だったアイドル歌手女性が自民党から出馬したり、元民放のキャスターだった自民党女性議員が議会で男性顔負けのヤジを飛ばしたり、まさかと思われる過激な発言をすることさえあるとは。

男性中心社会で少しでものし上がるため男性以上に勇ましく〝名誉男性〟を演じ、当選するために資金力・組織力・集票能力のある政権政党から出馬したいのでしょうか。彼女たちなりの理由があると思いますが、私が女性なら、選挙に勝つためといって軍事力を抑止力と考えるような政党から出馬しようなどとは絶対に思いません。

私がこの本をいちばん読んでほしいのは女性です。多くの男性は生活習慣病のように「寄らば大樹の陰」「上の言うことには絶対服従」という悲しい性（さが）が染みついています。そんな男性には今後とも、あまり世直しの担い手として多くを期待できません。ですから、心から平和な世界の実現を望む女性のみなさんにこそ、選挙では戦争に加担する政党や候補者には絶対投票しないで欲しいと願っています。

悪党退治に刃物はいらぬ、鉛筆1本あれば良い——。

全ての女性が、尊い一票を平和日本のために尽力を惜しまない候補者に投票するならば、日本は世界に先駆けて恒久平和国家の理想を実現できるでしょう。なぜならば日本には、地球の宝ともいうべき憲法があり、有権者の半数は女性なのですから。

私の願いはただひとつ、大好きな日本を「ここに住むすべての人々が国籍・人種を問わず毎日生き甲斐を求めて夢に向かって思い通りに、自由に生きられる国、そして毎日安心して文化的な生活を営める戦争の不安のない国」にしたいのです。

日米軍事同盟を中心とする抑止力（軍事力）重視の戦争推進勢力、現在の政権与党を政界から放逐するには、有権者が貴重な一票を、非武装平和を求める政党・政治家に投票することです。護憲勢力が拡大して国会で過半数を占めさえすれば、自衛隊の解体は法律改正だけで可能です。

3　戦争は悪夢の〝人災〟

戦争ほど、人々の日常の平穏な暮らし、大事な家族、大切な友人を否応なしに奪い、取り返しがつかない不幸をもたらす〝人災〟はありません。毎年8月になると広島・長崎の原爆記念日、敗戦記念日と続く中で、テレビや新聞が特集を組んで先の大戦関係の番組を放映しますが、それさえ最近は少し下火傾向です。ましてや人々の普段の生活の中では、戦争の記憶の風化は急速に進んでいます。

国会議員も、戦後生まれで自身の体験としての戦争を全く知らない人たちばかりになりました。彼らは戦争の実態を何も知らないからこそ威勢のいいことばかりを口にできるのです。

ネットなどでは、中国や北朝鮮に対してまるで戦前の「暴支膺懲（ぼうしようちょう）――暴虐なシナ（中国）を日本は懲らしめよ」といった雰囲気を感じさせる不穏当な言動も飛びかっています。

毎日の生活に追われている一般市民は、戦争になったらどうなるか具体的にイメージする心のゆとりも持てないのが実情ではないでしょうか。改憲論議に関連して実施されたＮＨＫの世論調査（２０１７年）では、「憲法について話題にすることはない」と回答した人が実に76％に上っています。

しかし戦争は、ロシアのウクライナ侵攻を見てもそうであるように、ちょっとした社会情勢や政治状況の変化がきっかけでいつでも勃発しかねない大惨事であり、しかも間違いなく人災です。

「マッチ１本火事の元」はかつての火災防止の標語ですが、いくら小さくても「軍隊・兵器の存在は戦争の火種」です。「戦争を起こさないために抑止力として兵器や軍隊を持つ」がいかに嘘っぱちか、現在に続く過去の歴史が何度となく示しています。

戦後まもなく、昭和天皇独白録（1946年10月1日天皇に奉呈した聖談拝聴録、宮内庁は存在を認めていない）で、昭和天皇ですら戦争の原因と新憲法について次のように語っています。

戦争の原因について

（1）軍備はいざという時の備え、とか言いながら軍備が充実すると使用したがる軍人の癖

（2）軍部の主戦論に沈黙するかまたは付和雷同した日本人の国民性

敗戦後の日本について

敗戦の結果とは言え我が憲法の改正もできた今日においてみれば我国民にとっては、勝利の結果、極端な軍国主義になるよりも却って幸福ではないだろうか

「いつか来た道」が、戦争推進勢力によってまたもや繰り返されて良いはずがありません。

政府は戦争の責任をとらない

戦争はいつ、何をきっかけに始まるかわかりませんが、はっきりしていることは、心身ともに悲惨な結果をもたらす戦争の責任を、政府は一切負わないということです。

先の大戦の被害に対する補償を求める訴訟は、東京大空襲被害救済訴訟をはじめ今なお続いていますが、政府および裁判所はこれら戦時中の民間人の被害（死亡、身体の損傷、家屋の消失・損壊など）に対してまったく補償しようとはしません。「戦争被害は日本国民として等しく被害を耐え受忍する義務がある」とか「戦前の法律統治下で起きた損害については現政府（国家）には責任は一切ない」など、いわゆる「国家無答責」の理屈を並べ、すべて切り捨てているのです。軍人・軍属（軍関係の仕事をしていた者）には今もって恩給が支払われていますが、一般市民は空襲で殺されても見舞い状一枚もらえない、この理不尽さは決して許されることではありません。

昨今、様々な問題で苦しんでいる人たちに向かって自己責任、自業自得のように責める風潮がありますが、こと戦争に関する限り、被害の原因を被害者市民のせいにすることは絶対にできません。

当然、戦場に駆り出された兵士の心にも、戦争は一生残る後遺症を与えます。アジア・太平洋戦争で後遺症を抱えた日本の兵士の数は、数十万人ともいわれています。戦時精神疾患の主な原因は、①戦闘への恐怖、②軍隊生活で受けた制裁、③加害行為への罪悪感などと専門家は分析しています。戦争とトラウマをめぐって、ワシントンにある米国退役軍人省によれば、イラク戦争に派遣された米軍帰還兵10万人のうち、2014年には1日に20名が自殺したとのデータもあります。日本でも「インド洋の給油活動やイラク復興支援活動に派遣された自衛隊員のうち何人自殺したか」との議員から政府への質問書に対し、「56人が在職中に自殺した」との答弁書を閣議決定しています。

2019年4月30日の東京新聞には、陸軍国府台病院などに収容された戦争の心的外傷（トラウマ）によるおびただしい数の精神障碍者（戦争神経症、戦時神経症）の最後の入院患者が福岡県の医療機関で昨年6月に亡くなった、という報道がありました。戦時中政府は一貫して、「このような腑抜けな兵士は日本の皇軍にはいない」とその存在を隠す国会答弁を繰り返していました。戦後、東京オリンピックの年の1964年に初めて戦傷病者特別援護法が成立しましたが、台湾・朝鮮の出身者は対象から除かれています。

かつて日本軍として戦った旧植民地出身の精神疾患兵士たちにさえ、救いの手を差し伸べようとしなかったのです。ましてや従軍慰安婦、徴用工、中国の重慶爆撃や細菌・化学兵器使用に伴う数知れない多くの中国人被害者に対して、政府・司法が補償をするはずがありません。

日本がどんなに法律上の根拠を持ち出しても、韓国、中国など近隣諸国の人々からいつまでたっても赦(ゆる)しを得ることができないのはそのためでしょう。

口先だけで〝心を寄せる〟と言いつつ辺野古埋め立てを頑として中止しない政府の沖縄県民に対する態度を見るにつけ、自公政権は戦争責任を無視するばかりか、民主主義も地方自治も無視する政権としか言いようがありません。

戦争こそは若者の心も身体も壊す最悪の人災です。繰り返しになりますが軍人、民間人を問わず国民の生命・財産・心身に悲惨な結果をもたらす戦争の責任を政府は一切負わないことを、私たちは肝に銘じておくべきです。

余談になりますが、日頃おなじみの大手生命保険会社は、実はすべて徴兵保険相互会社からスタートしています。徴兵保険とは徴兵制度により召集を受けた子息の出征祝賀費用や、働き盛りを失う家庭の経済的困窮をカバーするための保険です。徴兵適齢期の若者の中には徴兵制の始まった明治時代から仮病（眼病、耳病や痔疾）や偽装結婚（一人娘と結婚して戸主になる）などにより徴兵を逃れようとした者も多かったようです（『日本の軍隊』吉田裕著、岩波新書）。このことからしても、国家が戦争に際して国民の生活に責任をとらないことは明らかでしょう。こんな犠牲や負担をこれからの適齢期の若者世代に負わせるわけにはいきません。

4　国会審議を経ない安全保障政策の大転換

1991年に米ソの東西冷戦が終わり、私はようやくこれから世界は平和に向かって一直線に進むものと考えていました。しかし、国際間の緊張は解けたはずなのに、米国やロシアは自分たちが作り出したとも言える新たな敵、「テロの脅威」を持ちだし、主な先進国を巻き込んでは相変わらず軍拡競争に躍起になっています。日本の国防予算が安倍自公政権以降、増加の一途をたどっている状況は後で示す通りです。

世界は冷戦終結後の30年間、本来なら平和な時代であるべきでしたが、2001年9月11日にアメリカで発生した同時多発テロを契機として様相が変わりました。

アメリカのブッシュ大統領（子）が始めた報復戦争（アフガン、イラク戦争）をきっかけにイスラム過激派ＩＳなどを生みだすことになり、世界はテロの危険を感じる不安定な時代に入っています。

本来宗教は違ってもお互い平和に暮らしていたイラクの人々でしたが、ブッシュ（子）大統領の自作自演ともいわれる９・11とその後のイラク戦争によって国内における宗教対立は激化し、シリアでも内戦が始まるなど、中東諸国の分断が進みました。

ミャンマーでも国軍が、民主的に選ばれた政府をクーデターで倒し民主主義を求める民衆や少数民族を殺傷しています。２０２２年２月24日にはロシアがウクライナに侵攻しましたがこれについては後述します。

このように目下世界は混とんとしていて、武力こそが平和を確保する唯一の方法であるかのように、多くの国が武器の購入、軍備拡張に一生懸命です。しかし実は、軍隊が当たり前のようにあることが原因で世界各地で内戦やクーデターが起こっているのです。

２０２１年に無観客で開催された東京オリンピックは、事実と異なる原発事故処理完了の安倍首相演説や、ＪＯＣ会長が開催地選考に影響力のある人物に賄賂を贈ったと疑いのかかっている中で招致されました。さらにオリンピックを巡る電通とＪＯＣ、森元首相などの暗躍がもたらした数々の不正が、最近になって明らかになっています。政府はこの東京オリンピック開催実現を口実に、特定秘密保護法や共謀罪などを強行採決しました。これらの法律は、将来予想される平和運動を封じるために先回りして準備したものだったと言えるでしょう。

安全保障関連3文書閣議決定

安倍内閣は2015年9月、閣議決定した集団的自衛権の行使容認を、十分に国会審議をしないまま強行採決しました。

岸田内閣は2022年12月16日、国家安全保障戦略、国家防衛戦略、防衛力整備計画を、国会の審議を一切通さずに閣議で決定しました。重要な防衛政策を閣議決定だけで決めるのは、安倍晋三内閣以来の慣行です。

これにより「反撃能力」の保有が明記され、日本の安全保障政策が大きく転換されました。政府はアメリカの戦略文書との整合性を踏まえ、安全保障関連の3つの文書の体系や名称を見直しました。

国家安全保障戦略：外交・安全保障の最上位の指針で、2013年に策定されて以来初めての改定です。おおむね10年程度の期間を念頭に、外交・防衛に加え、経済安全保障、サイバーなどの政策に戦略的指針を与える文書です。

国家防衛戦略：防衛の目標と手段を示すもので、防衛力整備の指針「防衛計画の大綱」に代わる文書です。武力行使が起きた際に同盟国アメリカなどの支援を受けつつ、日本が責任を持って対処することなど、日本が目指すべき3つの「防衛目標」を設定し、その達成に向けた方法と手段を示すものと位置づけています。

防衛力整備計画：防衛費総額や装備品の整備規模を定めた「中期防衛力整備計画」に代わる文書で、計画の期間をこれまでの「5年」から「10年」に延長しています。自衛隊の体制については、おおむね10年後の体制を念頭におく一方、防衛力整備の水準や主要な装備品の整備規模は前半の5年間を対象に明記しています。

「国家安全保障戦略」は安全保障上の課題として、中国、北朝鮮、ロシアの順に記述しています。2013年に策定したこれまでの戦略では、北朝鮮、中国の順に記述していましたが、覇権主義的な動きを強める中国への警戒感がより反映された形となっています。また新たに、ウクライナへの侵攻を続けるロシアが盛り込まれました。

今回の改定におけるキーワードは、「反撃能力」です。まず「反撃能力」は、「やむをえない必要最小限度の自衛の措置として相手の領域でわが国が有効な反撃を加える自衛隊の能力」と定義されています。

保有の理由としては、極超音速ミサイルや、弾道ミサイルが大量に撃ち込まれる「飽和攻撃」など日本へのミサイル攻撃が現実の脅威となっている中で、迎撃による今のミサイル防衛だけで対応することは難しくなっていると指摘しています。その上で、ミサイル防衛を強化し、飛来するミサイルを防ぎつつ、相手からのさらなる攻撃を防ぐため「反撃能力」が必要だとしています。

行使のタイミングは、武力行使の3要件に合致した場合で、武力攻撃の手段として弾道ミサイルなどによる攻撃が行われた場合としています。反撃能力は憲法や国際法の範囲内で行使され、先制攻撃は許されないとして、専守防衛の考え方に変わりがないことを強調した上で、日米が協力して対処するとしています。

反撃の対象は具体的に明示されていませんが、文書に関して続けられてきた自民・公明両党の実務者協議では、政府側は、国際人道法を踏まえて反撃の対象は「軍事目標」に限られ、相手の攻撃を防ぐのにやむをえない必要最小限度の措置とすると説明しています。

「反撃能力」を行使するための装備としては、敵の射程圏外から攻撃できる「スタンド・オフ・ミサイル」の研究開発や量産を前倒しして、２０２７年度までに早期の装備化を推進し、おおむね10年後までに十分な数量を保有するとしています。

具体的には、射程を大幅に伸ばした陸上自衛隊の「12式地対艦誘導弾」の改良型と、島しょ防衛に使う「高速滑空弾」の開発を進めて配備を２０２６年度から順次始め、音速の5倍以上の速さで飛行する「極超音速誘導弾」などの開発も進めるとしています。

また、アメリカの巡航ミサイル「トマホーク」をはじめとする外国製のミサイルの着実な導入も進めます。「トマホーク」の配備は２０２６年度からを予定し、艦艇への配備を検討しているということです。このほか、潜水艦に搭載可能な垂直型のミサイル発射システムを開発するほか、「スタンド・オフ・ミサイル」を保管するための火薬庫を増設するとしています。

岸田首相が主導する防衛費増額

「反撃能力」実現のためには当然、防衛費増額が必要です。これについて岸田総理大臣はたびたび「内容と予算と財源の3点をセットで議論する」と説明してきました。決定にあたっては岸田総理みずからが主導し、相次いで3回にわたって閣僚や自民党に指示を出す形で進められました。

2023年度から5年間の防衛費をめぐり、当初は防衛省が48兆円程度が必要だとする一方、財務省は30兆円台半ばに抑えたいとして、双方の隔たりは10兆円を超えていました。

1回目の総理指示は2022年11月28日。岸田総理は浜田防衛大臣と鈴木財務大臣を官邸に呼び、2027年度に防衛費と関連する経費もあわせてGDPの2%に達する予算措置を講じるよう指示しました。5年後に到達すべき水準を明確に示すことで両省の歩み寄りを促した形で、当初5年間に必要な防衛費の幅は40兆円から43兆円程度まで縮まります。

2回目は同年12月5日。岸田総理は再び両閣僚を官邸に呼び、2023年度から5年間の防衛費について総額およそ43兆円を確保するよう指示し、防衛費の大枠が決着します。

3回目は同年12月8日。岸田総理は防衛費増額で不足する1兆円を超える財源として、与党に対し、年末までに税目や施行時期を含めて増税を検討するよう指示しました。税制改正大綱の決定を翌週に控えた中で、直前に与党にとりまとめを迫った形です。

わずか10日程度のうちに3回にわたって総理指示を出すことで、防衛費増額に向けた道筋がつけられたのです。

先の3つの文書の中には、今後の防衛費増額の目安として2つの数字が明記されています。いずれも岸田総理大臣が指示した数字です。

1つは「国家安全保障戦略」に明記されている、2027年度に防衛費と関連する経費をあわせて達成する予算措置の「GDPの2％」。

もう1つが「防衛力整備計画」に明記されている、2023度から5年間の防衛力整備の水準「43兆円程度」です。

GDP2％は、現在のGDPをもとにした目安で計算すると11兆円程度になります。政府はこのうち防衛費で9兆円程度、関連する経費で2兆円程度を見込んでいます。

防衛費9兆円の内訳は、今の防衛費の水準の5兆2000億円に加え、歳出改革で1兆円あまり、年度内に使われなかった「決算剰余金」の活用で7000億円程度、国有資産の売却などで得られる税外収入などをためておき防衛力整備にあてる「防衛力強化資金」で9000億円程度を捻出し、それでも不足する1兆円あまりを増税で賄う方針です。また関連する経費2兆円の内訳は、海上保安庁の予算などＮＡＴＯ（北大西洋条約機構）の基準を参考にした他省庁の予算に加え、新たに研究開発、公共インフラ、国際的協力、サイバー安全保障の4つの分野をあてることにしています。

2023年度から5年間の防衛力整備の水準43兆円程度の内訳については、40兆5000億円程度は各年度の当初予算で措置するほか、自衛隊の隊舎や宿舎などを整備するためにあてる1兆6000億円程度の財源については、公共事業に使われる「建設国債」をあてる方針です。建設国債はこれまで防衛費にあてることは認められておらず、国債発行のあり方を転換することになります。

政府はこのように防衛費増額の財源を確保する方針ですが、高齢化の進展による社会保障費の増加や、少子化対策のための子ども・子育て予算の増加など、防衛費のほかにも重要な課題解決に向けて歳出の拡大圧力が強まる中、歳出削減は簡単なことではありません。政府は歳出改革の具体的内容を現時点では明らかにしておらず、思うように財源が捻出できるのか、不透明な状況です。

一般国民ではなく、政治家や軍需産業など安保村の住民に向けた文書であると言わざるを得ないでしょう。

増え続ける防衛予算

安倍自公政権以降、防衛予算は一貫して増え続けています。少しずつ減少傾向だった防衛予算ですが、その急増ぶりは『防衛白書』でも明らかです。

日本はいつから、普通に軍隊を持つ国以上の軍事力を保有する国になってしまったのかと驚きます。憲法第9条下の日本の自衛隊が、装備や兵員の質・量・活動において他の軍隊保有国の軍隊とどこが違うのか、全く分かりません。

自衛隊は世界最新の防衛装備品を有し、今やアメリカ、ロシア、中国に続く世界第4位の実力組織とまで評価されています。憲法第9条2項「陸海空軍その他の戦力はこれを保持しない」という条項は一体どうなってしまったのでしょうか。自衛隊が仮に政府の言うように戦力ではない実力組織であるとしても、その実力は戦うための実力（即ち戦力）でなくて一体何のための実力なのでしょう。政府は、抑止のための実力などと、人を煙に巻くようなはぐらかし説明でもするのでしょう。

ちなみに日本の防衛予算には、外国では軍事費に含まれていることもある軍人恩給額

防衛関係費（当初予算）の推移（『令和４年版防衛白書』より）

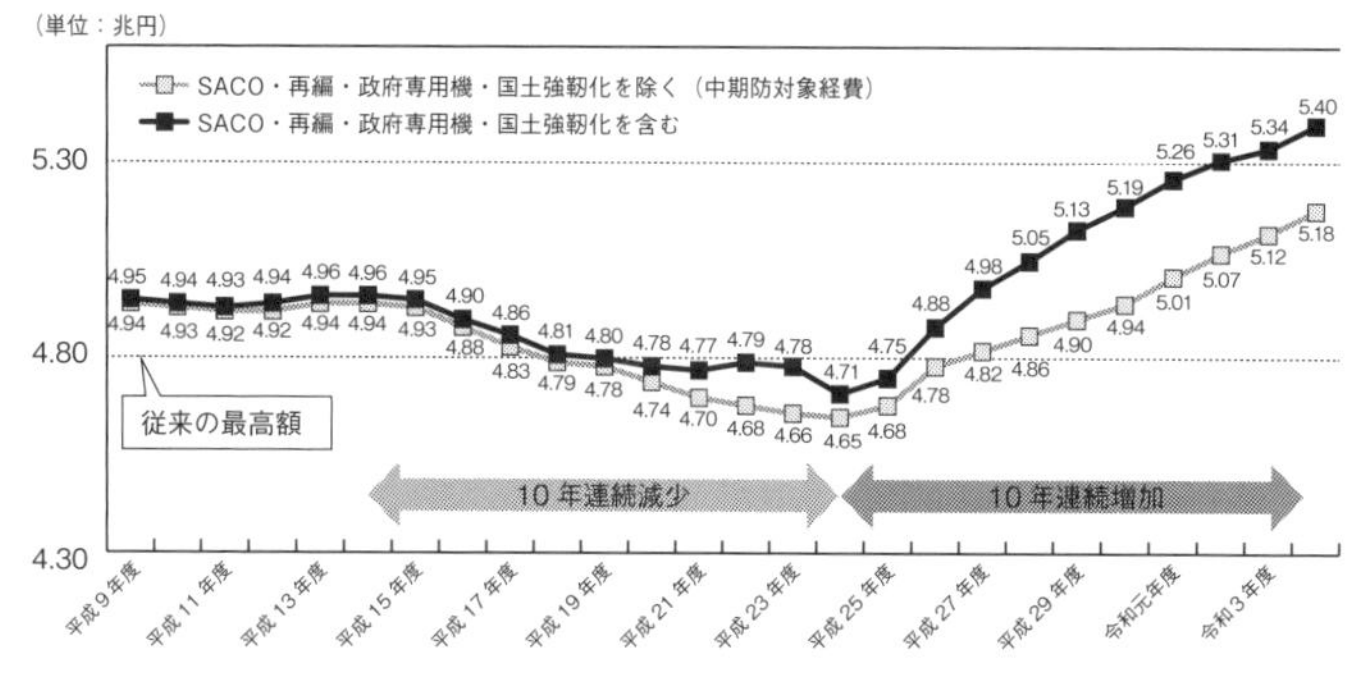

1　令和４（2022）年度防衛関係費には、デジタル庁にかかる経費を含む。
2　SACO（Special Action Committee on Okinawa）（沖縄に関する特別行動委員会）関係経費、米軍再編関係経費のうち地元負担軽減分、新たな政府専用機導入に伴う経費である。

はカウントされていません。わが国の軍人恩給の支払額は最近まで年７０００億円を超えていました。今でこそ２０００億円強ですが、大変な金額です。一方気の毒にも空襲などで亡くなったり身障者になったり住まいを失った民間人には戦後、一切恩給も補償も支払われていないことは既に書いた通りです。

かつて「自衛隊は日陰の存在であることが日本の平和のあかし」と吉田茂首相が防衛大学の卒業式で訓示したように、自衛隊は表舞台にはあえて出ない組織として長らく存在してきました。

それがこの20年余、年ごとに人々の前に露出を進めています。２０２２年１月には、長崎県佐世保市の日本一長いと言われる商店街で、米軍と自衛隊が合同で軍服軍装で市民の前をパレードしました。佐世保は戦前からの海軍の軍都です。沖縄では堂々と戦車や軍用トラックが街路を走行しています。

自衛隊は、2011年の東日本大震災での救助活動で一挙に表舞台に躍り出ました。もちろん、被災者に感謝される献身的な活動は高く評価されて当然と思います。

しかし、救助活動を行う自衛隊員の戦闘服（迷彩服）着用姿に、私はとても違和感を感じます。かつては自衛隊員が制服で街中を歩く姿はまず見かけませんでしたが、最近では特に基地の周辺などで頻繁に見受けます。航空祭などといって近隣住民を基地の行事に招待し、住民との融和・親睦を図るイベントも開催されています。入間航空基地で毎年11月に開催される航空祭では、これまでブルーインパルスの飛行ショーと人道支援関連の機材や装備しか展示されていませんでした。しかし安倍自公政権以降、戦闘機などが堂々と展示されています。

つまり市民の目は、軍服姿の自衛隊員や戦闘用の武器・兵器などに馴らされ始めているということです。

5　反戦平和運動のあり方

民主党が下野し自公政権に戻ってから、各地の行政機関は、自民党保守改憲推進グループに忖度するようになりました。「憲法を護る運動」などの平和運動に対し、公共施設を使わせない決定を連発しています。これは憲法第21条で保障されている「集会、結社及び言論、出版その他一切の表現の自由」を踏みにじる不当な決定であり、決して許されることではありません。

「金沢市役所前広場事件」※と呼ばれる裁判があり最高裁まで争いましたが、最高裁は金沢地裁の不当な決定を支持して公判も開かず門前払いにしました。このように、平和な時代であっても自公政府は様々な形で平和運動を抑えつけています。

※　2014年5月24日、金沢市中心部での陸海空自衛隊パレードに対し、市民グループがパレード中止を求める集会を金沢市役所前広場で開催しようと広場使用願いを出したところ、市役所から「市の姿勢と合致しない」と断られた。主催グループはこれを憲法21条違反として損害賠償請求の訴えを起こしたが、2016年2月15日金沢地裁は却下、続く名古屋高裁、最高裁でも請求は却下された。

ましてや、昨今はウクライナ戦争や台湾有事の可能性から、世界的に緊張が高まっています。何らかのきっかけで日本がひとたび戦争に巻き込まれでもしたら最後、反戦・平和をとなえたり平和運動に参加する市民はたちまち反日・国賊扱いされ、場合によっては身柄を拘束されます。過去の歴史がそうであったばかりか、平和な現在においてさえ、反戦・平和を訴えるデモは厳重に警戒され、公安警察などが監視しています。平和活動家・平和団体を「売国奴」呼ばわりするヘイトスピーチの団体も、後を絶ちません。

反戦平和運動は一般ピープルのもの

反戦・平和主義は、〇〇イズムとは全く無縁、ましてや社会主義者・共産主義者たちの専売特許でも何でもありません。反戦は全人類共通の基本的人権を守るための、ヒューマニズムに基づいた主張です。

基本的人権の抑圧を躊躇(ちゅうちょ)しない共産主義国家を見ている人々が、平和運動・護憲運動を特定の左翼政党と結びついた運動と感じて及び腰になるのは、とても残念なことです。現在の自公政権、日本維新の会、国民民主党、政治家女子48党（旧N国党）、参政党など改憲を進めようとしている政党を除けば、そのほかの野党は一致して憲法第9条に自衛隊を書き込む改定案に反対しています。平和を求める気持ちは労働者、労働組合員、無産階級の専売特許ではありません。軍需産業以外の良識ある大企業、中小企業の経営者や大半の社員も考えは皆同じはずです。特にビジネスを本当にわかっている資本家・経営者なら、世界が平和でなくてはビジネスが成り立たないことを知っています。

平和を求める集会やデモに参加すると、よく労働組合旗が林立しているのを見かけます。労働組合が組合活動以外の場でも自分たちの勢力を誇示しているように見えて、私は多少違和感を感じます。私たちは運動の輪を広げるためにも、ごく普通の市民を平和運動から遠ざけない集会やデモのやり方を目指すべきではないでしょうか。

私は、平和集会やデモには、フォーマルな服装とまではいわずとも、できるだけおしゃれをして参加しましょうと呼びかけています。かつて故安倍首相が言った「あんな人たち」などと馬鹿にされないよう、まず外見から整えて権力に立ち向かいたいと思います。

デモや集会には必ずと言ってよいほど公安警察官が大勢たむろしています。普通の市民として平和集会に参加している私は、なぜ平和運動が公安の監視対象になるのか、なぜ集会の主催者はそんな状況を黙って放置しているのか不思議です。

もちろん本当の理由を私が知らないわけではありません。私はそんな平和を願う一般ピープルのデモや集会が公安の監視対象とされたままの状態であっては良くない！　とデモ・集会の主催者側の人たちにも問題提起をしたいのです。

人々が平和運動を一般ピープルの当たり前の運動と考えるようになれば、平和運動は国民全体に広がるでしょう。そして過半数の有権者が、あらゆる紛争を話し合いで解決し非暴力・非武装で平和を目指す候補者に投票するならば、日本の政治は大きく変わります。

心から平和を願い当たり前の生活を求める人たちが、国民の半分以下のはずがありません。

護憲派が目指すべきは「非武装中立国家」

先の大戦で戦った兵士はもちろんのこと、戦災体験者の数は減る一方です。その中でどうやって悲惨な体験を次世代に伝えるかが課題とされています。第一世代の語り部が少なくなる中、第二、第三世代の語り部がその役を担う例もあります。しかし私たちが一番忘れてならないのは、学校や教育の現場で語り部の口から若い世代に戦争の悲惨を知ってもらおうとしても、その締めくくりが「だから、平和が一番大切。外交による平和を」だけで終わっては不十分だということです。

注意しないといけないのは、私たちの主張と真逆の「軍事力による抑止力を重視し再軍備を進めよう」とする自公政権その他改憲勢力の人々も、「戦争には反対、日本を平和な国にするために自衛隊の抜本的強化が必要」と、途中までは私たち護憲派と全く同じスローガンを掲げていることです。「平和のため」とのスローガンは、ゆめゆめ護憲派の専売特許ではないことを心に留めておきましょう。実際、改憲派リーダー格の故中曽根康弘首相は「世界平和研究所会長」でした。改憲派の主張は「外交の成果を上げるためにも軍事力は不可欠」なのですから。

日本から戦争を根絶するための私たちのスローガンは、「憲法9条で保持しないとしている戦力（自衛隊）を廃止して、非武装中立国家を建設する」の一点です。

「非武装中立」と言えば、旧社会党が野党第一党だった1980年、日本社会党中央本部機関紙局から刊行された石橋政嗣著『非武装中立論』を想起します。この本にある到達目標としての非武装中立を求める理由などは、本書と大きく変わりません。

本書との違いは、現在と情勢が違う（当時は米ソ冷戦中）こともあってか早急な実現を求めず段階的に気長に自衛隊を廃止することとしている点、中立と言っても米ソ東西陣営の対立からの中立を目指している点（あらゆる勢力からの中立ではない）、自衛隊廃止の際はいったん全員解雇することとしている点などです。

そこで述べられている非武装中立のプロセスは、①安定的な政権の達成→②自衛隊員の掌握（シビリアンコントロールの強化により将来隊員を全員解雇できる環境作り）→③平和中立外交の進展（日ソ・日朝の平和条約締結はじめ米中ソ朝等関係諸国と個別的ないし集団的平和保障体制の確立、アジア・太平洋非武装地帯の設置のような構想）→④こうした中で国民世論の支持を得る、となっており、その後いつまでにと時限を決めずに流れに任せて自衛隊を廃止するというものです。

この他、自衛隊を廃止した後に「平和国土建設隊」を自衛隊とは全く別のものとして創設し、その隊員は主として一般から募集し、本人の希望があれば自衛隊からの配置転換もはかる、としています。

しかし、１９９４年６月の村山政権（自民党・日本社会党・新党さきがけの連立）誕生により、社会党は自衛隊を合憲と認めてしまい、この路線と決別しました。この時、旧社会党の非武装中立路線を堅持するとして国会議員５人で新社会党が結党されました。

その後、2006年2月の「社会民主党宣言」の中で、「明らかに違憲状態にある自衛隊は縮小を図り国境警備・災害救助・国際協力などの任務別組織に改編・解消して非武装の日本を目指す」と記載して、自衛隊容認路線は修正されました。せっかくの正論への復帰でしたが、当時〝先祖返り〟と多くの批判を浴びました。

この石橋政嗣著『非武装中立論』は2006年9月に明石書店から大塚英志氏の解説付きで復刻出版されましたが、同氏の解説は「改憲派の本音と問題点」を鋭く突いており見事です。

6　憲法との矛盾を解消する究極の安全保障策の提案

これまで私は、平和の作り方について具体的で説得力のある方法を提案している、これぞという書物になかなか出会えませんでした。

多くの非武装平和を説く論考は「では、もし攻められたらどうするのか？」との素朴な質問に対して、ある程度の理由は説明したとしても、結局「そんな心配は無用！」と片づけてしまっているものが多いのではないでしょうか。

安全神話の原発でさえ爆発事故を起こすのですから、国民の不安を取り除くために、もう少し安全保障面について丁寧な説明を加えることが必要ではないかと考えます。

一般的な平和論の書物では、「平和のための具体策」が書いてあったとしても、話し合いによる紛争解決、国際交流、貧困撲滅といった提案がせいぜいです。

日本はこれまで、世界やアジアの諸国と国際交流をしなかったわけでは全くありません。オリンピックやアジア大会などスポーツ交流は頻繁に行われていますし、個人のレベルでも近年、国際結婚が急増しています。

また、戦争は貧困国の間でだけ起こっているのでしょうか。否、現実に起こっている戦争は、先進富裕国がかかわっているケースがほとんどです。

平和実現のための活動をした方が、何もしないより遥かに良いのはあたりまえです。しかしいくらその努力をしても、残念ながらそれだけで世界から戦争がなくなる気配は全くありません。

現在の日本経済が辛うじて成り立っているのは、中国の工場での現地生産および来日する中国人旅行者の落とすお金のおかげであることが、コロナの蔓延でよりはっきりしました。それをわかっていながら、自公政権は中国の海洋進出を非難してことさら中国封じ込め政策を続けています。

故安倍首相は何十回とロシアを訪問しましたが、ロシアはミサイル基地を北方領土に建設することをやめません。いくら時の首相が高い税金を使って毎月のように外遊しようが、いくら外務省が努力しようが、草の根で民間ベースの交流を深めようが、国際社会が恒久平和に向かっているとは到底思えません。

私は今こそ、憲法との矛盾を解消する、新たな安全保障策を真剣に探るべきと考えます。

憲法を変えてまで自衛隊を憲法上許されるものにしようとすること自体が、今の自衛隊が憲法と整合性が取れていないことをみずから認めている証（あかし）です。憲法制定時にはそのカケラさえなかった自衛隊を、既成事実だからといって憲法に書き込むなどは、制定時の憲法精神に真っ向から反する行為です。

故安倍首相はかつて、「自衛隊は違憲であると言う憲法学者が2割もいる状態を何とかしよう、命を懸けて国民の安全を守っている自衛隊（員）の子弟が（親の職業に）誇りを持てない環境は、自分が憲法を変えて違憲論争に終止符を打ちたい」などと言いました。

私は、憲法学者の間でも違憲の疑いの強いとされている自衛隊を廃止し、世界中で活躍する人道支援部隊である国際災害救助即応隊兼非軍事国境警備隊に衣替えすることによって、長く続いた自衛隊違憲論争に終止符を打つことこそが正しい道と考えています。

そんなことは夢物語と一笑に付す〝現実主義者〟の人たちに、参考として、75年以上の間、常備軍を廃止する憲法を条文通りに守って非武装を貫いているコスタリカの平和実践を、終章で紹介します。コスタリカの子どもたちは軍人の姿を見たことがありません。私は子どもの頃、ジープに乗った進駐軍米兵の姿や爆音高く空を飛ぶB-29爆撃機をよく見かけました。そんな悪夢が再び起きないよう、一日も早く軍服姿の若者達の姿を見ないで済む平和な日本を取り戻したいものです。

衆参の国会で改憲派がそれぞれ3分の2以上を確保している現在、改憲が発議され国民投票に持ち込まれる事態になる危険は日ごとに増すばかりです。あるべき憲法第9条の姿を取り戻すのに、もはや一刻の猶予も許されません。

第２章　究極の安全保障組織「防災平和省」の新設

〝戦争法〟と言われる集団的自衛権行使を容認する平和安全法制の施行後、さらに平和憲法と相容れなくなった自衛隊ですが、災害救助の際の献身的活動を高く評価し、自衛隊はなくせないと考えている国民は多いようです。

本章では９条改憲が不要であることを述べるとともに、災害大国日本の防災、減災、災害救助・復興に関連する災害対応のための新しい組織創設についての具体案を示します。それこそが、25万人の自衛隊員とそのご家族が国民から等しくその存在と任務を尊敬される「災害救助即応隊」通称ジャイロ（Japan International Rescue Organization）構想です。

もし改憲が現実となれば、この防衛省・自衛隊の廃止、そして防災平和省・ジャイロ新設などの構想は夢のまた夢、ほぼ永久に不可能となるでしょう。いったん憲法に書き込まれた自衛隊を再び廃止するための憲法改正などまず不可能です。そんな一大危機に私たちは直面しているのです。

この構想は私が初めて言い出したわけではなく、これまでも同様の主張はありました。しかし今、夢物語的に、あるいは長期的スパンで語る時間的余裕は、もう残されていません。一刻も早く具体的にこの構想を実現する省庁再編成の国民運動を起こす必要があるというのが、本書のキーポイントです。

私は2013年3月に短大退職後、6年連続で東北被災3県（岩手、宮城、福島）の仮設住宅を訪問しました。昔取った杵柄でサックス、フルートなどの楽器演奏と歌唱、トークにより現地で慰問コンサートを実施するためです。

延べ120か所、1000人を超す被災者と向き合う中で、福島の原発事故、放射能汚染による故郷と仕事の二重喪失、巨大津波による最愛の家族との別れなどのつらい体験を何度となく直接聞かされました。この経験を通じて、今後確実に起きる同様の大規模自然災害に対し、今のように無策のままでいいはずがないと確信したことも、本提案を行う決定的動機です。

近い将来予測される関東大震災、南海トラフ大地震の発生時に備えた体制整備は、北朝鮮からのミサイル飛来や中国による尖閣諸島占領などとは比較にならないほど緊急度が高いはずです。

1　防衛省廃止と新官庁「防災平和省」の創設

防災平和省の概要

防災平和省（通称：防平省）は、防衛省を廃止したうえで人員（希望者全員）や施設の一部などは引き継ぎ、国土交通省（海上保安庁、気象庁など）、および警察庁、総務省（消防庁など）の防災および災害救助・災害復旧に関係する部署を統合して、災害対策と国家安全保障任務を一元的に担う新しい官庁です。そしてその任務を遂行するために、

①災害救助の中心部隊となる「災害救助即応隊」（通称ジャイロ Japan International Rescue Organization）

②日本の領土を陸上で守る陸上警備隊（りくガード）

③周辺の領海・領空を守る沿岸警備隊（うみガード）と航空警備隊（そらガード）

からなる非軍事の国防監視組織を傘下に持ちます。

ジャイロの日本語名称「災害救助即応隊」には「国際」の文字は付きませんが、それはジャイロが政府の機関として国内の災害に即時に対応することを最優先としているからです。実際は、世界中の自然災害について要請があればどこへでも即時に駆けつけて人命救助・人道支援活動を行う平和部隊、国際的活動部隊で、原則として国内の場合は地方自治体の要請、海外の自然災害に対しては災害発生国および外務省の要請で出動します。


防平省は現在の防衛省（廃止後の希望者全員と施設・装備の一部）をはじめ、国土交通省外局の海上保安庁（約1万4000人）、地方整備局、気象庁（約5500人）、総務省消防庁関連（約16万2000人の一部）、復興庁、環境省、警察庁・自治体警察などの機関のうち、防災・災害救助に関係するすべての部局を統合してできる組織です。防平大臣、防平副大臣、防平政務官、防平事務次官、各所管局長、部長などの一元的な命令系統の下で、あらゆる国内・国外の自然災害に対する救助・復興支援協力活動および平時に領土・領海・領空を護るための国防監視活動を統括する巨大官庁です。

その他省庁の合併後に加わる人員を考えると、総定員68万人ほどにもなるでしょう。

この省庁の改廃・再編の目的は、組織の統廃合による効率化、人件費の節約だけではありません。世界一とも言える自然災害国として防災・災害救助組織の一元化、指揮命令系統の一元化を行うことが主な目的です。

東日本大震災の教訓からも、また明日にも予測される関東大震災、東南海トラフ大地震に備えるためにも、一刻も早い対応が必要です。

東日本大震災以降でも熊本地震、西日本の水害、北海道地震、台風による大雨、関西空港水害や各地の雪害など自然災害による被害が頻発しています。2023年2月6日にはトルコとシリアで震度7・8の大地震が発生し5万人を超える死者を出しました。地球環境の悪化、温暖化現象に伴って自然災害は地球規模で多発、増加の一途をたどっていますから、世界的に災害救助の必要性は高まっています。この防平省の実働部隊「災害救助即応隊（ジャイロ）」と各地の自治体職員が協同して緊急災害に備えるのです。

解散や総選挙の最中に災害が発生しても、災害を一元的に統括する官庁が存在しているので心配はありません。たとえ衆議院が解散されていても防平大臣・防平副大臣は新内閣が誕生するまでその地位に留まっていますから、指揮命令が被災自治体に行き届き、迅速な対策をとることが可能です。憲法に緊急事態条項を加える必要など全くありません。

第1章で触れた自民党のチラシでは、緊急事態対応の改憲の理由として「我が国は有史以来、巨大地震や津波が発生。南海トラフ地震や首都圏直下型地震などの最大規模の地震や津波などへの迅速な対応が求められています」とあります。しかし自民党の緊急事態条項の真の目的は、有事対応すなわち北朝鮮や中国の侵攻を想定した軍事目的の緊急事態法です。自然災害の口実に騙されてはいけません。「災害救助即応隊（ジャイロ）」こそが、自然災害に備えて待機する真の救助活動部隊です。災害のために改憲する必要など全くありません。

防災平和省の組織の詳細は、今後統一する防衛省ほか関係省庁間の企画部門が集まり最も合理的で効率的なものを作ればよいと思いますが、重複業務の整理統合、指揮命令系統の一元化を速やかに実現することが必要です。

2 防災平和省の任務

防災平和省の任務は大きく分けて二つあります。一つは国内外の災害救助関係の任務であり、もう一つは外国からの不法な侵攻の監視活動、侵攻を受けた際の初動対応の任務です。

①災害救助任務（災害対策局）

国内自然災害

防平省は防災・災害救助に関するすべての業務を一元的に管理監督する官庁です。実際に大規模自然災害が発生した場合は、被災者の救助活動はもちろん災害からの復旧・復興活動を傘下の実働部隊「災害救助即応隊（ジャイロ）」が先頭に立って行います。

日本は世界有数の自然災害大国です。２０１９年９月９日の台風15号は、電柱倒壊により長期にわたって広範囲にわたる停電が続くなど、千葉県を中心に甚大な被害をもたらしました。続いて10月12日には台風19号がさらに広域にわたり大雨による被害をもたらし、河川の氾濫、土砂崩れなどで多くの人命が失われました。

被災地では浸水家屋の泥の撤去、使えなくなった自動車、電化製品や家具などの廃棄処理など人手を要する片付けが多く残されます。高齢者の多い地区では特に人手が求められますが、その多くはボランティアの助けに頼っています。しかし台風19号の場合などは被害が広範囲に及んでいたため、ボランティアの申し出は必ずしも十分ではありませんでした。ボランティアの数も年々減少傾向です。各地で高齢者や身体障碍者の救助などの活動にも支障をきたしており、冬の寒さに向かう中で住民の不安は高まるばかりでした。

このような災害は温暖化現象の影響ともいわれていますが、そればかりではありません。人手不足により山林の整備が遅れたり、木材の乱獲（大量伐採）後に計画的植林がなされていない治山事業の不在といった現実も多くみられるようです。河川堤防の整備など治水事業が十分行われない中、さらに治山事業が不十分なことによる追い打ちで河川の氾濫が加速されている面が大きいのではないかと言われています。このような治山・治水の未整備から生ずる河川氾濫などの水害は、今後ますます増加が見込まれるでしょう。

これらの災害の際、住民の命を自助努力や共助だけで守れというのは、納税者である国民としては到底納得できるものではありません。消火活動、警察活動には専門官庁が存在し専門実働部隊が対応するのに、火事や犯罪と同じくらい頻発している自然災害に対しては対応する専門官庁も専門実働部隊も存在しない状態で、果たして良いと言えるでしょうか。

関東大震災が発生してから２０２３年９月１日でちょうど１００年経ちます。２０１１年３月11日には東日本大震災と巨大津波が東北地方を襲いました。いつなんどき、再び大規模の地震が日本列島を襲うのか、誰にも予測できません。

政府の地震調査委員会（委員長：平田直東大教授）が２０１９年２月26日に東北—関東地方の日本海溝沿いの海域で、今後30年間にマグニチュード７～８の大地震が起きる可能性が高いとする予想を公表しました。確率90％以上の場所もあるといいます。これは２０１１年３月の東北地方太平洋沖地震発生を受け、同年11月にまとめた長期評価を改定したものです。それに対するに日本の防災体制は万全と言えるでしょうか。

確かなことは、日時ははっきりしないものの、30年以内には（明日にも）巨大地震が日本を襲う確率が極めて高いということです。

自公政権は改憲項目の一つに、現下のコロナ禍に乗じて緊急事態に対処する条項を盛り込もうとしています。しかし災害緊急時、いかに一般市民の権利を制限して被災者を助けられるよう法律を整備しても、災害の現場に駆け付け具体的に救助活動を迅速に行う人員・部隊が無くては、被災者を救出することはできません。現在、災害救助に関しては大小様々の地方自治体組織、自衛隊、消防署、警察、国交省などが、それぞれの指揮系統に従って別々に行動しています。せっかくいくつもの官庁がそれぞれ災害救助組織や装備を用意していても、指揮命令官庁が異なっていては、いざという時フルにその力を発揮できません。東日本大震災の際もばらばらの命令系統を持つ災害救助組織がお互いに遠慮したり調整がつかなかったりして、救助活動がダブったり不足したりといろいろ問題がありました。その結果、助かるべき命が助からなかったケースもありました。

憲法で緊急時に国や自治体が個人の敷地に入ったりする権利を確保するため所有権などの私的権利を制限できる、と改憲までして条文に書くより、災害発生時にプロの救助隊が迅速に住民の救助・保護を行うことの方がよほど必要です。災害時に救助隊が私有地に入ったからといって、救助する人を排除したり訴えたりする地主がどこにいるでしょう。

海外自然災害

2023年2月6日に発生したトルコ・シリアの地震では、東日本大震災の何倍もの大被害が出ました。災害対策局で災害救助を主に担うジャイロは、日本国内の災害救助のみならず世界各地で発生する大規模自然災害にも、要請さえあれば原則として災害発生から72時間以内に駆け付けます。

海外の災害にも日本の救助活動範囲を広げることは、日本の平和にそのままつながります。ペシャワール会の中村哲医師のアフガニスタンでの活動と同様、これこそが平和創造そして日本の安全保障に確実につながる鍵となるでしょう。新官庁「防災平和省」の名前は、災害救助を通じて日本の、そして世界の平和を実現する役割を果たす機能からこう命名しました。

北東アジアや中近東など、世界には今さまざまな緊張関係が存在しています。そんな中で軍隊を持たない日本が無償で災害救助活動を行うのですから、被災した諸国は日本の救助・援助活動に感謝し高く評価すること間違いありません。この全世界の自然災害にたいする災害救助活動は、日本の安全保障を確かなものにします。これこそが積極的平和主義の実践活動ではありませんか。

海外での救援活動には多額の費用が掛かりますが、この崇高な人道支援活動を支えたいとする国内および海外の企業から、多くの寄付金、義援金など財政支援が寄せられることでしょう。寄付金以外にも、早々と安倍自公政権により廃止されてしまった東日本大震災時に導入された復興特別法人税の復活、それでも財源不足の場合、政府は国際災害救助救援・復興支援目的の特定目的国債や宝くじの発行を行ってでも予算を確保すべきです。岸田内閣はなんとこれらの捻出財源を悪用し、軍事費の43兆円増額分の一部を賄おうなどとトンデモない案を出しています。

災害救助活動で国民から評価されている自衛隊は、実は仮想上の敵に反撃するために常日頃訓練を積んでいる反撃準備組織にすぎません。この自衛隊を、災害救助・復興活動を主要任務とする災害救助即応隊（ジャイロ）に衣替えしようというのです。

②国防監視・国境警備任務（国家安全保障局）

日本の独立と国民の生命、財産を守るため、領土・領海・領空を軍事力を使わず必要最小限の軽武装で不法侵入者を排除します。軍事力を使わない国境の警備、領土の護りこそ、憲法と自衛隊の矛盾を解消し国家の安全を保障する究極の決め手です。憲法第9条に違反する疑いのある自衛隊を廃止して、非武装に近い軽武装による国防のための非軍事国防監視組織を整えるのです。

災害救助即応隊（ジャイロ）の平時の最大任務は、国内・国外における自然災害の被災者救助と災害復興ですが、隊員は、不当な侵略行為などがあった場合に軽武装で侵略者から住民の安全を守るための訓練を受けた精鋭警備部隊でもあります。ジャイロの保有する武器、装備品は威嚇射撃など侵略者の排除に用いられ、正当防衛の範囲での護身に必要な最小限のものとし反撃能力は一切持ちません。

具体的には国家安全保障局の傘下に、現在の陸・海・空各自衛隊をそれぞれ廃止して、日本の安全保障業務を非軍事・軽武装で担う次のような新組織をつくります。

陸上自衛隊→国土交通省、警察庁、消防庁、気象庁などの災害関連部門と統合し、国内及び国外の災害救助・復興支援を行う人道支援部隊である「災害救助即応隊」（通称ジャイロ Japan International Rescue Organization）に衣替え

・平時には駐屯地の地域社会に溶け込んだ幅広い行政補完的活動を日常的に行う。
・一部は「りくガード」として常時陸上で国境（沿岸）警備・監視活動を専門的に行う。
・陸上警備隊（りくガード）の定員は極力最小とし、万一不当な組織的侵攻が発生した際には災害救助即応隊（ジャイロ）が陸上警備隊（りくガード）とともに大部隊編成で一次的国防任務を担う。

航空自衛隊↓「災害救助即応隊（ジャイロ）」に衣替え
・救援物資と救援部隊隊員の航空輸送任務を行う。
・一部は航空警備隊（そらガード）として常時、領空警備・監視活動を専門的に行う。
海上自衛隊↓海上保安庁と合体し「災害救助即応隊（ジャイロ）」に衣替え
・救援部隊隊員と救援物資の海上輸送活動を行う。
・一部は沿岸警備隊（うみガード）として常時、領海警備・監視活動を専門的に行う。

この、国防監視と国境警備任務を担うというところが、これまでも提案されたことのある災害救助のみを任務とする「自衛隊の災害救助隊化構想」と違う点です。

③外務省に追加される新しい任務

これまで平和外交を一手に担ってきた外務省は、防災平和省が新設された後の任務は、どうなるのでしょうか。繰り返しになりますが、防平省は海外で発生する大規模自然災害の災害救助にも駆け付ける実働部隊を抱え、その活動を通じて平和の構築に貢献する現業官庁です。従来外務省本省が担ってきた国際機関関連任務、外国政府との関係調整、国際交流などを進める任務はもちろん、在外大使館、領事館を通じて海外での親善外交・海外の邦人の安全確保などを行う任務はこれまでと全く変わりません。

防平省の新設に伴い、今後は世界中の災害被災国との連絡調整役となってジャイロの海外での活動を円滑に進めるための調整機関としての、非常に多忙な任務が新たに加わります。

3 「災害救助即応隊（ジャイロ）」の位置づけと詳細

①災害救助即応隊と憲法9条の関係

これまで護憲派は改憲派から、「不毛な〝神学論争〟をいつまでするのか」などと批判されてきました。それは護憲派の主張が第9条2項の「陸・海・空軍はこれを保持しない」の文面を巡り、「専守防衛の実力組織なら許される」とする立場も存在するなど、一枚岩とは言えない状況だったからでしょう。

世界170ヵ国以上の国が軍隊を保有していますが、いずれの国も、「自国の軍隊は専守防衛の軍隊」と言います。報道を見る限り、実際に戦争に日々明け暮れている国はアメリカの他には20ヵ国もないでしょう。いくら専守防衛の自衛隊と言ってみても、自衛隊は他国の「専守防衛」軍隊と全く同じなのです。しいて専守防衛にこだわっている例外的な軍隊としては、ニュージーランドの空軍が輸送・哨戒（情報収集）兵力のみで戦闘機を持っていないことが挙げられます。

歴史的に見るところ、指導者ばかりか国民全体が必ずしも理性的かつ抑制的とは言えない日本は、軍隊を持ったが最後、戦争を始める危険性がとても高い国と肝に銘じておくべきでしょう。

日本の安全保障は軽武装の「災害救助即応隊」で充分であり、自衛隊は不要です。このことをはっきりさせ、世界平和と日本の将来にわたる平和のため非武装（必要最小限の軽武装）を貫くことこそ憲法第9条の非戦主義に則っており、〝神学論争〟にも終止符を打つことができます。

自衛隊を憲法と矛盾しない新組織に編成替えし、軍事力によらない国防および災害救助に加えて、国民に対し、痒いところに手の届く福利厚生サービスも提供するアメーバ的組織とすることこそが、憲法の理念に叶うものと思います。

国内の災害救助活動では、指揮命令系統が一元化された新たな監督官庁「防災平和省」のもとで、今まで以上に迅速かつ充実した活動が期待できます。海外への救助活動も、物資人員とも現行の自衛隊の場合とは比較にならないほど迅速に充実した形で行われるでしょうから、被災国から大きな感謝が寄せられること間違いありません。自衛隊がこれまでに蓄えた経験と知識が、すべての人員・必要な装備と共に新組織に引き継がれていくのですからあたりまえです。

故安倍首相の心の裡（うち）にあった「日陰者扱いの自衛隊を憲法の条文に明記して……」など、全く余計なお世話になるのです。憲法上許されない自衛隊を公に認めるために憲法を変えるのではなく、現行憲法を活かして憲法違反の疑いのある自衛隊を憲法上許される平和人道組織に衣替えする方が、よほど真っ当ではありませんか。

②災害救助即応隊（ジャイロ）の規模と地域における役割

災害救助即応隊（ジャイロ）は防衛省を廃止して新たに組織される官庁「防災平和省」に所属する、50万人規模の実働部隊です。現在の自衛隊の定員約24万7０００名（実員は定員を下回る約23万３３００人）の転籍希望者全員と補充採用者を合わせ、ほぼ現在の2倍の定員にします。各県に平均して約1万人ずつ配置すると50万人は必要となります。この人員規模はだいたい100世帯に1人の割合を考えて算出したものですが、その意図は、ジャイロの平時の任務として、現在日本が抱えている過疎、一次産業衰退、老齢化などで必要とされる人的支援を自治体と共に日常的に行うからです。

追加補充の採用ですが、現在の自衛隊の現職女性自衛官は2万人弱ですので、追加採用する27万人の内訳は男性を9万人、女性を18万人とします。最終的には男性30万人、女性20万人体制です。男女半々が理想ですが、現状自衛隊員のほとんどが男性ですのでスタート時は男性がやや多数になります。災害の被災者の半分は女性ですから、女性の隊員の補助が必要な作業が必ずあります。

採用年齢は就職氷河期で就職に苦しんだ年代含め、18歳から50歳前後までの男女となりましょう。2024年にまず防災省設置法案を国会で通過させ、自衛隊員のうち10万人(男性8万人、女性自衛官は2万人全員)を防災省に移籍してもらいます。防衛省に残る自衛官は15万人全員男性ですから、自衛隊内のセクハラは大幅に減るはずです。

2024年の女性ジャイロの新規採用は5万人程度。とりあえず男性8万人、女性7万人の15万人体制でスタートします。2025年には防災省は防災平和省と改称し、自衛隊員は全員防災平和省に移籍となり防衛省は廃止となります。2025年には男性ジャイロを9万人採用し、女性ジャイロの新規採用は13万人です。これで、男性30万人、女性20万人体制のスタートとなります。ジャイロの年収は年齢経験による差はありますが、軽武装になることを勘案すれば、2023年度の防衛予算6兆8千億円もあれば、平均1000万円（全体で5兆円）ほどは十分支払えます。

平時においてジャイロはどんな仕事でもこなすために、アメーバのように形を変え必要に応じて部署を異動しつつ柔軟に活動します。主要任務である国内外の自然災害に対する救助・復興支援活動のみならず、大規模火災、山火事など自治体消防や現地の消防団だけでは対処できない場合、これら消防組織と連携して対応にあたります。

「自助」と「共助」頼みの防災・避難体制

日本には2023年3月現在、1718の市町村があります。ひとたび地震、津波、地すべり、雪崩、河川の氾濫などの大規模自然災害が発生した場合、現状、各市町村の住民はまず指定された避難所に避難し、少し落ち着いたところで仮設住宅などの避難場所に移動することになっています。

この初動対応を進めるのは住民の自治（各町内会や自治会など）に任されていますが、

真冬の深夜に災害が発生した場合など、素人の自治会では緊急に対処するのはとても難しいのが実情です。避難場所も多くの場合近くの小中学校などが指定されていますが、真っ暗な中で学校の校門も避難場所の体育館なども施錠されているでしょうから開けられません。一体誰がカギの保管場所を知っていて真っ先に駆け付け開錠し、暗い中で照明をつけ暖房をつけトイレを設置しマットを用意して住民を誘導するのでしょうか。現状はすべてが住民の自治、自治会、町内会などの自主防災組織（自主防）に任されているのです。

東日本大震災から8年目の3・11を記念したテレビ番組で、避難者の先導を任されている住民が取材に答えてこう言っていました。「自分たちがいくら訓練をしているといっても、いざという場合に決められている行動を落ち着いて段取り通り行うのは困難です。やはり頼りになる専門家にやってもらわないと不安です」。

現在各県で、災害発生の際、県民の生命を守る手順を作成し徹底を図っています。一例として、私の住む埼玉県の防災に関連した県民広報を紹介します。

広報には、命を守る3つの助けとして、県・市町村・消防・警察などが行う「公助」、自分の身は自分で守る「自助」、地域全体で助け合う「共助」の3つを挙げています。

まず「公助」として、防災ヘリコプターの用意（県消防防災課所管）、防災活動拠点（災害時の活動要員の活動拠点で救援物資の備蓄・集配機能を持つ防災基地施設）の指定、さいたまスーパーアリーナ、県営公園などの大規模避難場所の用意（県消防防災課）、緊急輸送道路の瓦礫（がれき）撤去・放置車両の移動など災害時の救援ルートの確保（県土整備政策課）等があります。そして「自助」の手助けとしてハザードマップ（県消防防災課）、川の防災情報メール、土砂災害警戒情報システムの用意（県河川砂防課）などがあります。

しかし災害発生時にまずとるべき避難行動は、「共助」すなわち各地域において活動する自主防災組織（埼玉県内５７００）に任されています。マニュアルだけ作っておいても、いざ災害発生時に初動対応から住民を安全な場所に避難させるまでの活動を素人にまかせて、果たして安心・万全と言えるでしょうか。

いつ起こるかわからないが必ず起こる関東大震災などの首都直下型地震や大規模な南海トラフ地震などに備えるため、一刻も早い安心できる初動体制作りが求められます。手遅れになってしまっては元も子もありません。

自公政権は、憲法に緊急事態条項を書き加え、内閣が主導して危機管理に当たるなどと机上の空論で憲法改正を進めようとしています。しかし、緊急事態法を作っても、また災害官庁をただ新設しても、配下に医療班も含めた実働部隊が存在しない限り、疫病蔓延時も含め災害時には、住民隔離・治療や避難などの役には立ちません。

現状のように各地の消防署、消防団、警察署、市町村役所、国土交通省、自衛隊の災害担当部署がそれぞれ別々に動いていくやり方では、迅速有効な救助活動はできません。こんな時、迅速果敢に救助活動を行う災害救助即応隊が出動してくれることで初めて、住民は安心できるのです。普段から防災平和省に属する災害救助即応隊（ジャイロ）が全国市町村に常駐していて日頃から自治会や町内会などとの交流や訓練を重ね、いざとなれば先頭に立って住民を安全な場所に誘導する体制の整備こそが解決策です。

ジャイロは１００世帯に１人の割合で常駐し、地域ごとに避難の手順・避難場所を熟知しています。いつでも出動できる体制になっていますから、住民にとってこれほど安心なことはありません。住民は個人情報保護法により、いざという時に備えようとしても、現状では近所の住宅の電話番号すら知ることができません。

東京の特別区や大阪市、名古屋市、仙台市など政令都市には、数千人規模の災害救助即応隊が必要かもしれません。それでも全体で50万人もいれば足りるでしょう。

③災害救助即応隊（ジャイロ）の安全保障任務と必要な装備の概要

日本は独立国として当然自衛権を持っています。自衛権は通常「武力をもって自衛のために武力を行使する権利」と解釈されています。

しかし日本は、憲法9条によっていわゆる武力・軍事力による自衛権の発動は行えません。本書が提案する国家安全保障策とは、災害救助即応隊（ジャイロ）が行使する非軍事力による自衛行動であって、敵基地攻撃などとは無縁のものです。

ジャイロは万一の不法な侵攻に備え、防戦（避難・抵抗・最低限の排除活動であって反撃はしない）のために日頃は銃剣術・柔道などの武術訓練を実施し、必要な護身具が準備されています。軽武装の武器としては、視界にある外敵を威嚇排除したり正当防衛の範囲内で行う護身に必要なピストルなどの武器があればよく、万一に備えて警察特殊部隊（後述）で重装備の警察官が保有する武器があれば充分です。

普段は災害救助用の服装で全国に駐屯しますが、ひとたび緊急の事態と防平省が判断すれば、国会の事前承認の下、陸上警備隊（りくガード）長の指揮命令系統のもとに出動命令が発せられます。そうなればジャイロ隊員は国防用の衣服に着替えて国防の任務に就きます。あくまで軍事力によらない国防ですから、常時領空警備を担当している航空警備隊（そらガード）による外敵との空中戦とか、常時沿岸・領海警備を担当している沿岸警備隊（うみガード）による外敵との海戦などは想定していません。

外敵が沿岸警備隊（うみガード）の再三の警告や威嚇射撃を無視して領海に侵入し日本の領土に上陸してしまった場合や、敵が航空警備隊（そらガード）の度重なる警告を無視して領空に侵犯し落下傘などで日本の領土に侵入したような場合には、陸上警備隊（りくガード）が非軍事力で防衛のための対処行動、すなわち必要最小限の武器により外敵の排除行動を行います。侵攻の規模が大きい場合は、応援にかけつける災害救助即応隊（ジャイロ）と共に大部隊を編成して緊急排除活動を行います。

防平省の傘下には常設の沿岸警備隊（うみガード）が配備され、海難救助などのために航空機も保有し海難救助は行いますが、海難審判業務は国土交通省に残します。航空警備隊（そらガード）は領空を警備するチームとして存在し、日常的に領空の警備・哨戒活動を担当します。沿岸警備隊（うみガード）は現状の海上保安庁の任務を引き継ぎ、領海の警備・哨戒の任務を引き継ぎます。

航空警備隊（そらガード）の装備としては、大・中・小型輸送機の他に高性能の哨戒機P-3Cなどがあれば充分です。航空燃料を馬鹿食いするジェット戦闘機は保有しませんから戦闘機用の空中給油機なども不要です。私が敬愛するチャールズ・オーバビーさんが生前語ってくれましたが、沖縄から北朝鮮爆撃に向かうB－29爆撃機の片道の航空燃料に、小型乗用車が地球を1周できるくらい消費したそうです。

現在の航空自衛隊員（約4万4000人）の大半は航空警備隊（そらガード）に配置転換となりますが、余剰が発生する場合にはジャイロ、沿岸警備隊（うみガード）や陸上警備隊（りくガード）に配置転換すればよいでしょう。防災平和省としては現職の23万1000人の自衛隊員の現職全員を再雇用した上で、実働部隊としてさらに27万人ほどの追加採用が必要となります。新規隊員には駐屯地の地元の若者を優先的に採用し、不足の場合は採用地に何らかの縁のある地元以外の若者を採用します。

④災害救助即応隊（ジャイロ）の配置

47都道府県に原則各1万名ずつ配置（札幌、東京、愛知、大阪、福岡など大都市には若干人員追加）し、地域の活動を行います。目安としては、人口密度の高い都市部と地方で違いはあるものの、繰り返しになりますがだいたい100世帯に1人の割合です（2020年国勢調査によると世帯数は5570万）。各都道府県に1000人規模の中央即応隊駐屯地を置き、その他、県内各所に1か所100人規模の即応隊詰め所を90か所くらい置くことになるでしょうか。

災害救助即応隊（ジャイロ）の駐屯地としては、原則として米軍撤退後の広大な米軍基地跡地の一部および廃止となった自衛隊基地跡地の一部を優先的に利用します。新たに追加される駐屯地・詰め所の用地確保費用には、現在の米軍や自衛隊基地の土地の一部を売却した代金をあてたり、既存基地の一部と災害救助即応隊、通称ジャイロ駐屯地・詰め所の土地とを等価交換（換地）します。最後に余った土地があれば、地元自治体に無償で返還されます。全国的に増えつつある小・中学校の廃校跡地も、駐屯地として有効に活用できると思います。

駐屯地及び詰め所には、規模に応じて100～1000人規模の被災者を収容する避難所を併設ないし近接地に設置します。避難所としては、津波にも安全な海抜30メートル程度の高台に、耐震構造の風水害被害にも耐える頑丈な建築物を用意します。避難者のための駐車場も被災者2人に1台程度のスペースを確保する必要があるでしょう。お年寄りを住居から避難所に搬送するための輸送車も、それぞれの駐屯地及び詰め所に用意しておきます。もちろん運転するのはジャイロ隊員です。

緊急避難の期間は災害の程度によると思いますが、1ヶ月程度は被災者が日常に近い生活を送れるような、プライバシーにも配慮した設備を整えておく必要があるでしょう。

2020年に日本全国民の脅威となった新型コロナウイルスの蔓延は、感染による死者の増加ばかりか外出自粛や休業要請により日本経済に深刻な損失を招きました。一時期は世界的パンデミックの様相を呈し全人類の脅威と恐れられました。新型コロナウイルスなどパンデミック伝染病の蔓延を阻止する「防疫活動」を国が主体となって行うためにも、可及的速やかにジャイロの新設が求められます。

ジャイロ付属の医療専門チームが、まずは国内の感染防止のために公的・私的医療機関や地方自治体と連携して活動に当たります。国内の蔓延が終息すれば、ジャイロの医療活動は海外にも向けられます。全国に設けられる自然災害用の避難施設には、東日本大震災では不備が言われた障害者や女性に配慮したトイレや入浴設備などと共に、新型伝染病の無症状感染者などを収容できる隔離施設も完備させます。

⑤災害救助即応隊（ジャイロ）の付随業務

災害救助即応隊（ジャイロ）は、平時は訓練や整備以外の時間を活用して、各駐屯地の地元において、衰退しつつある農林水産業など一次産業の労働力の補助的担い手として、耕作放棄地の復活再生や森林の伐採整備などを行います。このほか、各自治体の要請で「何でも屋」的にあらゆる住民に対する行政サービス業務（例えば高齢者の通院や買い物支援）まで、直接あるいは補助的に行います。

全国５０００ヶ所以上に設置されている地域包括支援センターや民生委員との連帯も必要です。

現在、日本が抱えている最大の問題は、少子高齢化、地方過疎化とそれにともなう社会福祉費の増大と担い手不足です。これは全国共通の社会問題であるものの、とりわけ高齢化率と若者の流出が甚だしい地方でより深刻です。高齢者の生活上の支援・介護などの行政サービスが、地方の住民から特に強く求められています。介護人材の極端な不足は、介護士の有効求人倍率が一般のそれより4倍近く高いことからも明らかです。自公政権はアベノミクスで完全失業率はゼロに近くなったとか、有効求人倍率が史上最高を記録したなどと手柄話をしていますが、これは日本の生産年齢人口（年齢15歳から65歳）が毎年１００万人減少している中での当然の結果であり、むしろ深刻な現状と言った方がいいでしょう。

2013年4月の改正労働契約法の施行により導入された、5年以上勤務すれば契約が無期に転換されるルールも非正規公務員には適用されず、今後この傾向は全国的にますます増えることでしょう。学校の教員はじめ、行政サービスの現場で非正規公務員の割合が増加の一途ですが、これも20年に及ぶ自公連立政治の貧困に起因しています。

自公政権は既に、海外から技能研修生と称する人材を大量に受け入れているばかりか、それでも間に合わず急ごしらえの新たな就労資格を設けて2019年4月から介護や単純労働に外国人を大幅に受け入れ始めました。人手不足はなにも、アベノミクスによる経済成長や好景気の結果によるものだけでないことは明らかです。

現行の自衛隊員は、海外からの不法な侵攻という実はまず起こらない緊急事態に備え、普段は体を鍛えたり、大型運転免許などの資格を取るなどして過ごしています。戦闘を想定しての陸上や海上、あるいは飛行訓練などで毎日を過ごし、地方の行政サービスがどれだけ人手不足であっても無関係を貫いています。

働き盛りの彼ら彼女らは、陸上自衛隊の場合、午前中の訓練を終えると通常、午後は体力錬成と整備にあてています（参考図書：志方俊之監修『面白いほどよくわかる自衛隊』日本文芸社）。海上自衛隊、航空自衛隊の場合も、訓練の場所こそ違いますが大体同じ時間の流れに従って一日を過ごしています。訓練や整備以外の半日ほどの時間をこれら行政サービスに振り向けようとするのが、自衛隊を改組してできる災害救助即応隊（ジャイロ）の特色です。行政サービスに振り向ける時間や時間帯などの調整は、各地の事情に応じ全国一律である必要は全くありません。

人手不足と言いつつ、国の労働力調査では就職氷河期に大学を卒業した人などを中心に35～44歳の非正規ミドルが３７０万人もいるといわれています。彼ら彼女らを正規の特別国家公務員の災害救助即応隊として採用すれば、戦地に行かされる心配もない安定した職業として、どれだけ皆から喜ばれることでしょう。

都市一極集中の解消策として最も現実的な政策

今般の新型コロナウイルスの蔓延をみても、人口過密な東京・大阪・札幌などの大都市で感染拡大が顕著でした。人口の大都市集中を改め全国土に均等に分散させることは、地方経済活性化のみならず将来にわたって起こり得る新型ウイルスの感染リスクの低減にも寄与します。

また、ひとたび大規模災害が人口の集中する大都市で発生すれば、その人的・物的・

経済的被害が想像を絶する規模になることは言うまでもありません。近い将来にも起こり得る災害発生時に被害を極小化して日本経済をマヒさせないためにも、人口の大都市集中は真っ先に是正すべき課題です。

これまで政府は人口の一極集中是正をお題目のように唱えてきましたが、中央政府機関の地方移転さえ文化庁の移設以外全く実現していない状況です。民間企業の移転や進出に期待するのはむずかしい地方において、雇用機会の創設となる国家公務員ジャイロの全国配備は、駐屯地域に新しい地域経済を生み育てつつ、人口分散にも一役買うことになります。

4 「災害救助即応隊（ジャイロ）」の生み出す価値

①災害救助即応隊（ジャイロ）の国際的活動、国連との関係

現状、日本には1987年に施行された「国際緊急援助隊（Japan Disaster Relief Team; JDR）の派遣に関する法律」があり、これまで海外の災害に対してJDR派遣実績もあります。1992年にPKO協力法が成立してからは自衛隊がPKO協力を担

い、同年の法改正により自然災害はＪＤＲが担当することとなりました。

このＪＤＲですが、国際協力機構（ＪＩＣＡ）の調整の下、外務省が警察庁、海上保安庁、消防庁など関係各省庁の協力を得て編成するチームで、常設ではありません。救助チーム、医療チーム、専門家チーム、感染症対策チームそして自衛隊部隊の5タイプのチームを、要請に基づいてその都度派遣するというものです。近年の実績としては、2023年2月のトルコ地震の際に専門家チームを送っています。

災害救助や復興支援協力で人道的支援を受けて助けられた当事国が、日本に〝恩を仇で返す〟はずはありません。この積極的平和主義の名に恥じない人道支援活動こそが、日本にとって最も有効な安全保障策になるのです。

災害救助即応隊（ジャイロ）は、国内では軍事力によらない国防の任務にも当たりますが、海外では、発生する自然災害の救助要請にすぐに対応し専ら災害救助・復興支援協力を専門に行う平和部隊です。いくら国連の要請があっても、紛争地のＰＫＦへの派遣はしません。専ら文民警察として可能な範囲のＰＫＯとして、国連の要請があればＰＫＯ法に基づく海外での人道支援活動は行いますが、非軍事活動（給水、道路などインフラ建設、選挙監視活動など）に限ります。現在認められているＰＫＦとしての活動は行いません。したがって現行のＰＫＯ協力法は、武器使用の条項などを中心に内容を改正する必要があります。

②災害救助即応隊（ジャイロ）構想実現の可能性

災害救助即応隊（ジャイロ）構想の実現にあたっては、いくつかクリアしなければならない課題があります。一つひとつ検討してみましょう。

「自衛隊の廃止など本当に可能なのか」→日本は自衛隊を廃止することについて、憲法上まったく障害はありません。言うまでもありませんが、第９条のおかげです。

「自衛隊をジャイロに組織変更することに国民世論はどう反応するか」→災害時の緊急支援活動が、防衛省と消防庁・警察庁、地方自治体レベルの災害関連組織など行政組織の縦割りの弊害により円滑、迅速に実施できなかった東日本大震災の苦い経験があり、世論の賛同を得やすいと思われます。

「自衛隊員の雇用はどうなるのか。また、抵抗も大きいのではないか」→現職自衛隊員は全員再雇用が約束され失業の心配はありません。その上、海外派遣といっても戦闘地ではなく災害地への派遣であり、生命の危険ははるかに少ないことから、自衛隊員およびその家族からむしろ歓迎されるでしょう。新規採用についても、他の官庁の事務系職員に比べ現業として肉体的にハードな面はあるものの、安定した国家公務員採用ですから若者の人気は高いと思われます。

ちなみに現在、自衛隊希望者が減っており定員割れ状態が続いています。防衛大学卒業生でも近年任官拒否する学生が増え、2022年には70名もの卒業生が任官を拒否しました。定年前の退職自衛官数も増加傾向です。これは安倍自公政権が強行採決した集団的自衛権に基づく紛争地への海外派兵の可能性が高まったことと無関係ではないでしょう。

「日米安保条約はどうなるの?」→日米安保条約の廃棄は、条約上1年前の事前通告で可能であり、国会の議決だけで可能です。(日米安保条約第10条　この条約は、日本区域における国際の平和及び安全の維持のため十分な定めをする国際連合の措置が効力を生じたと日本国政府及びアメリカ合衆国政府が認める時まで効力を有する。もっとも、この条約が十年間効力を存続した後は、いずれの締約国も、他方の締約国に対しこの条約を終了させる意思を通告することができ、その場合には、この条約は、そのような通告が行なわれた後一年で終了する。)

「財源はあるの？」→災害救助即応隊だけで新たに27万人規模の増員を行っても、必要な人件費などの予算は防衛省の昨年度総予算の範囲に十分収まります。また、他省庁との組織併合部分の経費はそのまま旧省庁から予算ごと引き継がれるので措置済みと考えられます。組織の一部統合で業務の重複の見直しなどによる費用の削減も多少見込め、追加的予算措置は不要です。

2022年度の防衛予算5兆4005億円の内訳を見ても、人件費は総額の42％で、現在の約23万人体制でも人件費は2兆2700億円程度に過ぎません。岸田内閣が計画する11兆円の防衛予算の残りはミサイル、戦闘機、艦艇などの武器（装備品）ないし基地対策費、在日米軍関連経費などの予算です。これらの多くは今後不要となりますから、このうち多くの予算をジャイロ関連の設備費用や増員される災害救助即応隊員の人件費に回しても余裕があります（146ページで後述）。

ただし、米軍撤退により不要となる在日米軍経費については、もともと自衛隊絡みの予算ではないので、災害救助即応隊の経費に流用せず教育や社会福祉関係の新たな財源として活用できます。

自衛官の待遇は、実は民間企業、地方公務員と比較しても全く遜色ないどころか破格に優遇されていると知ったら、皆さんは驚きませんか？　しかしその恵まれた待遇を維持しつつジャイロとして定員を倍増することは十分可能です。

35歳の自衛官の平均年収は、幹部自衛官が約７３０万円、准曹自衛官が約５７０万円です。海上自衛官の場合、艦艇手当が約１４５万円、航空自衛官の場合、飛行手当が約１７０万円支給される役職もあります。40歳の自衛官の平均年収は、幹部自衛官が約９００万円、准曹自衛官が約７００万円です（２０２２年12月時点）。

自衛隊札幌地方協力本部のホームページに掲載されている募集案内には、「生活に必要なものは、ほぼ職場（隊内）で提供されます」と食事、宿舎、医務室などの充実がアピールされ、衣食住の完備から、「サラリーマンが通常支払う家賃、食費、水道光熱費約７・９～10・３万円分を、仕送り、貯金、趣味などに充てることが出来ます」と謳われています。

民間企業や地方公務員に比べてもこれほど破格の待遇で募集しても、定員割れ状態が続いているのはなぜでしょうか。いくら軍事予算を倍増して兵器を買い込んでも、それを扱う自衛官がいないとなれば、兵器を無駄に置いたままにするか、徴兵制を実施するしかありません。

③災害救助即応隊（ジャイロ）実現によって生まれる副次的効果

主要任務である災害救助・復興支援協力、一次的国防のほかにも、災害救助即応隊創設により数多くの効果が見込めます。まずは、大規模かつ安定的な雇用の創出です。今後予想される災害救助関係の重機などの追加調達費用を考えても、現在の重装備から脱却するのですから、装備費の一部を3兆円程度人件費に振り替えることは可能です。これを原資に、新たに27万人規模の国家公務員採用するのです。民主党政権時代のキャッチフレーズだった、「物から人へ」の素晴らしい発想の転換が文字通り実現します。

雇用促進だけでなく、人口の都会一極集中是正もジャイロ創設の狙いの一つです。現役世代の災害救助即応隊隊員の赴任地として出身地や縁故地を優先して充てれば、駐在各県は隊員家族も含めて2万人程度の人口増加となり、地方経済の活性化にも大きく貢献できるでしょう

人が集まればそこに地域経済が発展します。戦前は軍の駐屯地で飲食宿泊業など新たな商売がにぎわいました。

現在の日本が抱える社会問題の解決にも、災害救助即応隊は一役買うことになります。ジャイロは平時においては地域住民の農業、林業、水産業の手助け、子供の通学時の見

守り、高齢者などの身の回りの世話や見守り、病院や買い物への車での移動の手伝いなども行います。この取り組みにより、少子高齢化と過疎化が深刻化し、いわゆる限界集落（65歳以上の老人が住民人口の50％以上となる）となった地方の活性化が図られ、一次産業の復活、食料自給率の向上、人手を必要とする有機農業の普及にも直接繋がることになります。

最後は〝たられば〟の話ですが、もし沿岸警備隊（うみガード）の人海戦術による国境警備が災害救助即応隊と共に40年前からあったならば、北朝鮮による拉致被害は発生しなかったはずです。

世界銀行のオンラインデータ（２０１６・８・31）によると、日本はアメリカ合衆国、中国、オーストラリアよりも長い海岸線を持つ島国（島の数は1万４０００）です（世界で６番目の長さ）。不法移民や難民の不法上陸や海岸付近で国民が拉致される危険は常にあるので、監視・警戒活動は常時行う必要があります。

法務省が空港や海港の入国管理業務をまずしっかり行い、国境となる沿岸警備と領海、排他的経済水域は防平省所属の沿岸警備隊（うみガード）と陸上警備隊（りくガード）が、領空は航空警備隊（そらガード）がしっかり護れば、あのような痛ましい拉致は起こらなかったでしょう。

④災害救助即応隊（ジャイロ）の未来

現在、国連防災機関（UNDRR、ジュネーブ）事務総長特別代表（防災担当）は、日本の外交官出身の水鳥真美さんが務めています。国際的な防災の責任者を、日本の災害救助即応隊が活動面で支援する絶好の機会です。日本が主役として防災・災害救助活動による国際人道支援を行えば、国連から高く評価されるでしょう。

将来、災害救助即応隊が国連の組織に格上げされることも夢ではありません。その際には日本が世界の災害救助の司令本部所在地になるでしょうし、災害救助即応隊は重要な任務を帯びることになります。国連の災害救助組織の本部が日本の沖縄などに置かれたら、アジア各地域へのアクセスも大変便利です。これこそが本物の、近隣アジア諸国への積極的平和主義の実践活動ではないでしょうか。

第3章　自衛隊違憲論争と抑止力

1　日本国憲法と自衛隊の本質的な矛盾

自衛隊のみなさんの活動は国民に広く支持されてはいるものの、その存在は発足当初から憲法と矛盾する組織との疑義を持たれてきました。歴代の自民党中心の政権は、これが合憲であるとするためにどれだけ苦しい理屈をつけて第9条の解釈を変更してきたことか。自民党自体がいちばんそのことを知っているからこそ、改憲にこだわるのです。

安倍自公政権がやろうとしたように、たとえ違憲状態を解消するためと言って憲法に自衛隊を書き加えてみても、その装備が示すように憲法の三大原則の一つ「戦争放棄」と矛盾するので、永久に論争の種は消えません。

国民主権を定める憲法の第1章に天皇制が書かれています。象徴であるだけで政治には関与しない、政治的権力は一切持たないという苦しい象徴制の定義づけで、天皇制は辛うじて残されました。この天皇制については「すべて国民は、法の下に平等」（憲法第14条）に違反する民主主義憲法の欺瞞という考えもあります。

加えて戦争放棄と非武装を定めた憲法の第2章にまでその理念に反する実質軍隊の自衛隊を書き込むのは、憲法の三大原則のうちの二つにわたって苦しい説明をしないといけない矛盾を抱え込むことになります。

これまで「自衛隊は合憲である」とのこじつけのために、専守防衛という行動制限規範の存在を強調してきました。しかし専守防衛という免罪符は、天皇制を象徴として残したことよりさらに無理があり、こじつけにもならないこじつけです。どこの国であれ、自国の軍隊を専守防衛のための軍隊と言っているのですから。

改憲派の狙い

改憲に前のめりだった故安倍首相の言動は、公務員である国会議員、行政府の長として立憲主義の意味をわきまえず、憲法を尊重し擁護する義務（憲法第99条）違反もはなはだしいものでした。

改憲派の本心は、台湾有事の可能性や北朝鮮の核開発脅威を口実にして国民の恐怖をあおり、不戦・非武装を決めている第9条を無力化して、軍隊のある〝普通の国〟、イザとなればどことでも戦争の出来る国と肩を並べたいのです。そして背後に、軍需産業を育て経済成長につなげようとする政権と財界の思惑の一致があるのはもちろんです。現に2023年4月7日、岸田政権が進める防衛力の抜本的強化を支える防衛産業強化法案が衆院本会議で趣旨説明と質疑が行われ審議入りしました。

改憲勢力はいずれ憲法第9条2項は削除し、自衛隊を国防軍に変えるのがその狙いです。このことは、表向き何と言おうとも、自民党の2012年の憲法改正草案に「天皇の元首化と共に国防軍の設置」とあることで明らかです。もしそうではないと言うのなら、自民党はすでに現在の憲法のもと、今の自衛隊のままでも他国の軍隊と同様の軍事活動を行うことが可能、すなわち「自衛隊はすでに実質的に国防軍である」と考えていることになります。

故安倍首相は「自衛隊が憲法違反と言われていては、国の防衛任務に命懸けで取り組んでいる自衛隊員のみなさんに申し訳ない」ということを改憲の理由としていました。

しかし自衛隊が合憲であれば、わざわざ巨額の費用と時間をかけて憲法を変えなくてもよいはずです。残念ですが、国民の多くも災害救助活動と専守防衛の組織である自衛隊は憲法上認められている、と考えているようです。

軍隊（軍事力）と警察（非軍事警察力）の違い

軍隊は国の主権、独立、領土を護るための組織であり、警察は国民の生活と命を守る組織であることはお分かりのことと思います。自衛隊は軍隊ではなく専守防衛のための実力組織に過ぎないとの政府の建前論が変わらない中で、２０１５年９月安倍内閣によって安全保障関連法制（通称戦争法）が強行採決されました。現在、自衛隊員はとても不安定な立場に置かれています。なぜなら政府の判断次第でアメリカの戦争に駆り出される仕組みが出来上がってしまったからです。

自衛隊は軍隊ではないという建前上、戦場での戦闘行為（殺人・破壊）の結果生じる責任を被害側から訴えられれば現地（行為地）の国内法によって裁かれる可能性があります。つまり、自衛隊員が紛争地で何らかの不測の状況で敵から自分や友軍を守るため敵を殺傷すれば、まずは敵地（行為地）の法律で、もし殺傷行為が日本で行われたのであれば日本の刑法で罰せられる可能性があります。そんなことでは隊員は安心して国防の任にあたれるわけがありません。

軍法に詳しくない人は、「だから自衛隊員が安心して任務を遂行できるよう、日本も国防軍を持ち軍法を作るべきだ」などと言います。自民党の改憲案もそもそもはこの発想、すなわち自衛隊を国防軍にして軍法も整備しよう、です。

仮に自衛隊が国防軍と名前を変え正式な軍隊になれば、戦場での戦闘行為は法律の制約を一切受けません。すなわち殺人や破壊行為が法律の制約なくできるようになります。ただし戦争に負けでもしたら、戦勝国主導の裁判で各種の戦争犯罪に問われることがあり得るのは東京裁判と同じです。

軍法というのは戦前日本にもあった陸軍刑法、海軍刑法のことですが、これは軍隊の内部統制のための法律です。敵前逃亡、兵営脱走、命令服従義務違反、その他服務規律違反などあくまで軍隊内の秩序を維持するための法律です。戦場で軍人がいくら殺人破壊行為をしても罰せられないように軍人保護のために作られたのが軍法である、などと誤解してはいけません。

もともと軍隊は、戦場では何でもあり、軍事行動は全て国内法の枠外で行われるのです。「捕らえた捕虜を虐待してはいけない」とか「赤十字の旗を掲げた病院船を攻撃してはならない」など人道上の見地から軍事行動を規制する法律は、ジュネーブ諸条約など戦時国際法だけです。憲法で交戦権を認めず軍隊保持をしないと決めた日本が軍隊を持つこと、疑似軍隊（実力的には最強の軍隊）である自衛隊を持つこと自体、〝いらない〟どころか〝本当はあってはならない〟のです。

これに対して警察は、あくまで警察官職務執行法（警職法）などの法律の制約の中で活動を許されている点が、戦場では何でもありの軍隊と全く違う点です。しかし大かたの日本人は、恐らく誰もこの区別すらよく理解していません。安倍政権で成立した戦争法のもと、集団的自衛権行使が可能な現在、岸田内閣も、国益を守る必要最小限度の戦闘行為であると政府が判断すれば現在の自衛隊のまま国内法の枠外で戦闘行為ができると解釈しています。しかし戦場に駆り出される自衛隊員は国内法では固く禁じられている行為を軍人としてさせられ、しかも法律上は守られていないという、信じられない気の毒な状況におかれているのです。

警察予備隊は、名前は警察とありますが完全な軍事組織でした。ただ1950年創設当時の警察予備隊は、海外に出て戦闘行為をするような組織とは全く考えられていなかっただけのことです。自衛隊を発足時の警察予備隊に戻せばよい、と言う人がいますが、現時点で自衛隊を警察予備隊と名前だけ変えても非軍事組織にはなりません。

日本には重武装した警察力も存在します。1995年ANA857便ハイジャックで出動した警察庁特化中隊SAP (Special Armed Police) が1996年には特殊斑として名称をSAT (Special Assault Team) と変えて、新たに北海道警、千葉、神奈川、愛知、福岡県警にも設置されています。それでも警察が軍隊と決定的に違うのは、活動が警職法で制限されていることです。すなわち、自衛隊を非軍事組織ジャイロの国境警備隊とする以外に、現在の自衛隊員の皆さんの命を守る手立てはないのです。

集団的自衛権行使容認以降の自衛隊

私は自衛隊を、設立当初から憲法違反の軍事組織と考えていました。そして現在の自衛隊を合憲の組織と考える多くの人々は、2014年7月1日の閣議決定以降、自衛隊は完全に変質してしまったことに気づいていないのではないかと心配です。今や自衛隊は、直接日本が攻撃されていなくても、政府の判断次第で攻撃国に対して攻撃された友好国のために反撃を行い、戦闘状態に巻き込まれかねない軍事組織に変わりました。これこそが、集団的自衛権行使が容認された結果です。もはや自衛隊は、日本が直接攻撃を受けた場合にのみ日本を護る専守防衛の組織ではなくなったのです。
それでも憲法の条文の上では「陸海空軍その他の戦力」は保持することを禁じられているる手前、改憲派は、自衛隊に軍隊と同じ活動を堂々とさせることができるように憲法を変えるべきだ、と考えているのです。

第二次世界大戦の戦勝国のリーダー格であったアメリカは、1945年に日本を占領し、日本の帝国陸海軍組織を消滅させ明治憲法を廃止（法律手続上は明治帝国憲法の改正）して、現在の平和憲法を制定させました。自衛隊は1950年、朝鮮戦争が勃発したことをきっかけにアメリカが日本に作らせた警察予備隊から始まった組織です。自ら軍隊廃止を日本の新憲法草案に書いたアメリカは、いくら事情（米ソ冷戦の深刻化）が変わったといっても、5年もたたないうちに日本に再軍備をしろとは表立って言えません。そこで今でも、日本政府は自衛隊は軍隊ではないと言い繕い、国防軍とは言わず、駆逐艦を護衛艦と言うなどごまかしを続けています。自民党政権は1955年の保守合同以来、このまやかしをすっきりさせ堂々と自衛隊を軍隊としたいために憲法改正をずっと主張してきましたが、これまでは護憲派の野党が国会の3分の1以上を占めていたためにかないませんでした。

自衛隊はこれまで、幸運にも戦闘に直接かかわることはなく、外国兵・外国人を殺したり外国兵に殺されることもなく今日まで来ました。これには憲法第９条の存在（自衛隊は例外的に個別的自衛権のみ行使できると厳格に解釈されてきたこと）が、一応曲がりなりにも歯止めになってきたのだと思います。日本が平和だったのは「日米安保条約、アメリカ軍の駐留のおかげ」とか「日本がアメリカの核の傘にはいっているから」とか言う人もいます。それらは一部の理由ではあってもすべてではなく、憲法第９条がこれまで不変であったから、が正当でしょう。そしてそれは護憲運動の成果もさることながら日本の憲法が改正手続きのとても難しい硬性憲法だからです。

政府は憲法解釈を再三変更し、「戦争の中でも自衛戦争は認められる」とか「調達する兵器は自衛のため必要最小限のもの」などと言いつつ、アメリカの要請によってしばしば軍備増強や活動範囲の拡大を行ってきました。それにもかかわらず国民の大多数は、憲法を文字通り「日本は第９条がある限り戦争はしない、自衛隊は決して戦争にまきこまれない」となんとなく信じてきました。そして、多くの悲惨な戦争体験者の根強い反戦感情が世論を後押しして、政府の暴走にブレーキをかけてきたのだと思います。

しかしこれからは、日本が直接攻撃されなくても政府が「日本の存立危機事態」ないし「重要影響事態」であると総合的に判断すれば、自衛隊が独自に、あるいはアメリカ、英国、豪州軍とともに、戦闘行為を世界中どこででも行えるようになりました。自衛隊は今や、日本の領土・領海・領空・国民の直接的な生命・財産の防衛のためだけに活動する組織ではなくなりました。政府が〝日本の国益〟という、定義があいまいな利益を護るための大義名分が揃ったと判断すればいつでも、他国軍と共に軍事行動ができるところまで来てしまっているのです。それが〝ジャパン・ハンドラー〟と呼ばれる元米国務省のアーミテージが言った「日米の同盟関係は血を流す関係」という意味です。

現在の政治状況を招いたもの

言葉の上でいかに軍隊と言わずに自衛隊と言い、武器を防衛装備品、航空母艦を多用途運用護衛艦、戦車を特車と言ってごまかしても、自衛隊は間違いなく軍隊、それも世界有数の実力を持つ軍隊です。もし自衛隊は呼び名だけではなく実質的中身も軍隊とは違う、と言う人がいたら、自衛隊のどこがどう外国の軍隊と違うのか具体的に説明してもらいたいものです。

いずれ自衛隊を国防軍と呼称変更するための改憲時には、「国防軍は今の自衛隊と名前以外には何も変わりません」と国民を騙すつもりなのでしょう。「小さく産んで大きく育てよ」のことわざを悪用しようとしているのが見え見えです。戦前の天下の悪法・治安維持法も、最初は最高刑は懲役10年でしたが、いつの間にか死刑になりました。

改憲派の中には、憲法違反が明らかな集団的自衛権行使容認の片棒をかつぐあまり、「法的安定性など不要」とか「立憲主義など大学で教わらなかった」と恥ずかしげもなく語る国会議員さえいました。

余談になりますが、私はこのようなトンデモ議員を選ぶ有権者の良識を疑うと同時に、現在の小選挙区・比例代表並立制選挙制度（小選挙区での落選者の比例復活を認める制度）の弊害を思わないわけにはいきません。国民の意思を国会に正しく反映させるためには小選挙区を廃止して、すべて広域地域比例代表選挙制度（現在の衆院の11比例ブロックなど）に一本化すべきと思います。少数政党が乱立して物事がなかなか決まらない、と比例制選挙の欠点を指摘する人もいますが、それこそ多種多用な国民の考えを国政に反映する大事な民主主義の本質的特徴と言うべきものです。

また、日本の選挙制度の欠陥は多々ありますが、高額の供託金もその一つです。

政権交代がおきにくくなった原因は、野党の乱立で小選挙区の野党への投票が死票になる可能姓が高いことも影響しています。この弊害によって政治に対する無関心層、無党派層（これらの中には政治に対する絶望層も）が投票に行かず、その結果として投票率が年々低下する悪循環になっています。この有権者が政治に見切りをつけて投票に行かない棄権行為こそが、本人は意図しなくても自公政権のような国会、民意を軽視する政治を許すことに繋がっています。そのためにも自公と安保政策でハッキリ対決できる野党候補の一本化をはかり、小選挙区で１：１の対決にもっていくことが欠かせません。知名度だけは抜群の世襲政治家やタレント政治家が跋扈（ばっこ）することがさらなる政治不信を増大化させ、棄権者を増やすという悪循環も生んでいるのではないでしょうか。

そもそも政治不信の原因は、政治がいつまでたっても民意とかけ離れているからでしょう。その原因は、〝職業政治家〟の最大関心事が次の選挙に当選することだけだからです。所属政党のボス、後援会組織、選挙区内の地方議員、企業経営者など得票に影響力のある人たちのみを大事にして、一般国民の気持ち・意見などは二の次の次、四の次なのです。現行の小選挙区制において、この弊害が顕著であるのもうなずけます。

おまけに安倍自公政権以降、内閣人事局が経産・財務・外務官僚ばかりか警察・検察、司法の人事まで支配しています。

2　護憲派が考えるべきこと

　護憲派は様々な改憲阻止運動を展開していますが、自衛隊をどうするかについて一枚岩ではありません。「憲法9条を絶対に守る」と言いつつ、現状のままの自衛隊を容認する人々もいます。また、自衛隊の海外での武力行使などの活動を制約する条文を憲法につけ加えるならば自衛隊を容認しても良い、というこいわゆる「新9条論」を主張する人々もいて一様ではありません。私のように憲法は完全非武装を決めているのだから自衛隊は廃止すべきであると主張するのは、少数派のようです。

　そもそも憲法で「国際紛争を解決する手段として武力による威嚇や使用を禁じ」られている日本が、アメリカの真似をしてＮＳＡ（国家安全保障局）のような組織を作り、外務省と防衛省が一緒になって日本の安全保障に取り組むなど、それ自体憲法の精神に反しています。憲法の理念と防衛省や自衛隊の存在は矛盾しないと考えている人から見れば当たり前のことなのでしょうが、平和を武力で守る組織、すなわち自衛隊を管理監督している防衛省の存在が憲法の基本精神に反していると考えている私にとっては、見過ごせない大きな問題です。紛争がいつか起こることを予想し、いざとなった場合の戦闘行為に日ごろから備えている軍事組織（防衛省）が堂々と平和（安全保障）のためと称するNSAに名を連ねること自体、許せないからです。

平和の問題は外務省が中心となって武力になど頼らないで行うべきであり、武力をちらつかせての平和など禁じ手のはずです。そもそも憲法制定時には自衛隊など、そのカケラもなかったのですから。

それにもかかわらず、憲法を護るべき日本政府は、アメリカだけでなくそれ以外の国とも2プラス2と称する、武力と抱き合わせの外交会議を重ねています。2プラス2で決めることはいつも、軍事的解決を拠り所とする2カ国間の軍事行動を含んだ合意です。

2019年4月20日付の読売新聞1面の見出しは「サイバー　米に防衛義務」とあり、〈日米両政府は19日、外務防衛担当閣僚による日米安全保障協議委員会（2プラス2）で「大規模なサイバー攻撃についても日本への武力攻撃とみなすことができる」とし「その場合は日米安保条約5条に基づいて米軍が反撃する可能性を示唆」することを確認した〉としています。仮に米軍が出動する際、自衛隊が（日本がサイバー攻撃されているのに）アメリカにすべて任せていられるわけがありません。日米政府が共に日米同盟は軍事同盟（これ自体憲法と矛盾）と言っているのですから、米軍と共同して自衛隊が軍事行動をとることになるのは明らかです。

ちなみに「日米同盟」の表現は１９８１年レーガン大統領との日米首脳会談後の声明で鈴木善幸首相（１９４７年日本社会党から衆議院初当選、その後自民党に）が初めて使った表現で、駐米日本大使館の中堅外交官がアメリカ国防省の意向をくんで紛れ込ませた表現と、今では分かっています。しかし当時の宮沢喜一官房長官をはじめとして政府は、「同盟といっても軍事同盟ではない」と国会で明確に説明していました。

ＮＳＡ（国家安全保障局）を作るにしても、仮にも自衛隊は軍隊ではないと言うなら、防衛省を外して外務省とその他の関係省庁が協力する体制をとるべきです。アメリカの真似をして外務省と防衛省（軍事組織）を加えて作った国家安全保障局、そして２＋２なる会議ですが、日本の防衛省のカウンターパート（交渉相手）は世界中の戦争に関わりを持ち、１９４７年9月まで陸軍省（英文名は戦争省）と呼ばれた国防総省（通称ペンタゴン）です。

野党も含め、日本国民はこんな会議が日常的に行われていることに何の疑問も感じないのでしょうか。いつの間にか日本は丸ごと〝茹でガエル状態〟にされて、その異常さを感じなくなってしまったようです。

改憲発議そのものを阻止しなければならない

口を開けば平和憲法を守ると言いながら、戦力不保持の解釈一つについてさえ、政府はもちろんのこと、私たち護憲派の間でさえ不徹底です。そのうえ、運動の母体によって護憲運動が別々に行われる場合さえある有様です。護憲運動を主催している団体が共産党系かあるいは社民党など非共産党系かによって、同じ憲法を護ろうとする運動なのに、お互いにまとまろうとしない動きも聞こえてきます。護憲派の内部での分断は、改憲推進派にとって願ったり叶ったりでしょう。

仮に2023年中にも9条改憲の国民投票が実施された場合、護憲派の人たちは一体どう行動するのでしょうか。

もちろん、「改憲に賛成か反対か」どちらか選べと聞かれれば「反対」に投票するでしょう。仮に国民投票となり、結果として護憲派が有効投票の過半数をとったとしましょう。その時勝利した護憲派の人たちは、世界4位の実力を持つ自衛隊をどうするつもりなのでしょう。現状のまま許すのか、廃止するのか、護憲運動の人たちにその明確な回答はありません。もちろん、自民党、公明党、維新の会など改憲派が国民投票の敗北を認めて自衛隊を廃止するとは到底思えません。戦力を保持した自衛隊が軍備の増強をすすめ、さらなる巨大な組織になることも考えられます。

護憲派としては改憲の発議がなされる前から、自衛隊をどうするべきか確認しておく必要があるのではないでしょうか。せめて賛否を問う質問を、国民投票の結果賛成多数となって可決される場合でも、「集団的自衛権行使を容認する〝通称戦争法案〟を廃止するかこのまま存続させるか」について国民に問えるような設問とすべきです。改憲案が反対多数で否決される場合には、「単に自衛隊を憲法に書き込まない、だけではなく集団的自衛権行使を容認した安全法制関連法をすべて廃止する」との抱き合わせ条件を付した設問とすることを求める必要があるのではないでしょうか。

これは、改憲の国民投票の質問で何について国民の賛否を問うか、という最も重要な問題です。しかし通称「戦争法」は単なる法律であり、憲法の改正とは無関係なので、戦争法の存否に関する条件を付しての問いかけは恐らく不可能でしょう。護憲派にとって投票結果で得るものは、勝っても精神的勝利感のみです。負けたら最後、失うものの大きい改憲発議や国民投票など、絶対に許してはならないということです。「憲法第9

条は護ったが、集団的自衛権行使を許された自衛隊、実力世界第4位の軍事大国日本はそのまま残った」で良いはずがありません。

ところで、「国民投票法」自体も、法案成立時の付帯決議などの検討が未だ手付かずで問題点が多々残っています。

・最低投票率規定が無く、たとえば40%の投票率でも有効として良いのか
・複数の項目について改憲の是非を問う提案の場合、それらを一括して賛否を問えるか
・資金力のある側がより多く広報活動ができる有料意見広告放送規定に問題はないか
・改憲発議から投票まで最短60日というのは短かすぎないか
・公務員・教育者の運動規制は果たして妥当か

などについて、法律関係者から国民投票法の改定が求められています。

軍隊の廃止と天皇制

憲法第9条は、GHQ（連合国総司令部）が天皇制を残す条件として条文化されたと言われています。GHQは戦前の天皇制と結びついた皇軍の暴走・侵略の誤ちを戦後の日本には決して繰り返させないとアピールするために、軍隊廃止を言わざるを得ません

でした。そうすることで、天皇制廃止と天皇の戦争責任追及を強く主張していたイギリスやオーストラリアなどを説得する材料にしたのです。つまり、GHQがなんとか天皇制の維持存続を連合国諸国に納得させるためにつけ加えた条文とも言われています。

マッカーサーの腹心、情報将校ボナ・フェラーズは、GHQが日本の占領政策を進める上で、安上がりかつ効率の良い間接統治とするため、敗戦後もなお国民の尊崇の念を集めていた昭和天皇を利用したのでした。1942年8月まで10年間日本に駐在したジョセフ・グルー元駐日大使（のちに国務次官）も、天皇制存続に影響を与えたと言われています（参考：中村正則著『象徴天皇制への道』岩波新書）。

では、そのようにして存続した日本の天皇制とはどのようなものでしょうか。

1945年の敗戦まで天皇は、最高の権力者、元首、現人神(あらひとがみ)でした。敗戦と同時に天皇は「私は〝神〟改め〝人間〟です」と人間宣言を行い、その後の憲法で「日本国民統合の象徴」として存続することになります。民主主義憲法と折り合いをつけながら天皇制を存続させるために、象徴という表現のあいまいな地位を考え出したのです。

しかし天皇をいくら元首から象徴と憲法で言い換えてみても、日本人の精神上、皇室に対して特別な感情を持ち続ける人が多いのは無理からぬ事実です。なにせ同じ人物がそのまま神様・大元帥からある日突然「人間宣言」をして、「これからはみなさんを統合する象徴になります」と言った例は外国にはありません。歴史上、絶対王制から立憲君主制に変わるときに、絶対権力を持っていた人物（王）がそのまま居座り続けることなどないのが普通です。

だからと思いますが、保守政党の政治家、その政党の支持母体、支援団体の中に、戦前の天皇制、いわゆる国体を賛美し復活を夢見る大勢の人たちがいるのです。皇室のお出ましに、どこからか動員がかかって沿道で渡された日の丸国旗を掲げ、時には万歳三唱などしたりする光景は外国ではまず見かけません。

明治政府は西欧に負けまいと、キリスト教に対抗して「万世一系」という神話（虚構の世界）を基にした、皇室を中心とする国家神道を作り上げました。敗戦国となった日独伊の中で、国歌・国旗を戦前からそのまま変えていないのは日本だけです。その天皇制が戦後も存続していますが、生まれたときから宮様と呼ばれて特別扱いされ、男子しか皇位継承権がないような制度のままです。明治天皇の美子皇后（昭憲皇太后）には子供がおらず、女官の柳原愛子（歌人柳原白蓮の伯母）との間に生まれた唯一の男子が嘉仁親王（大正天皇）です。皇室が男系にこだわる限り、民主主義憲法とは相容れない側室制度が必要と皇族の一人が正直に言われたのもわかる気がします。

世界には立憲君主制の国はヨーロッパを中心に数多くありますが、日本の天皇制は独特で、ヨーロッパ諸国の立憲君主制とは随分違います。王族側の意識、政府の扱い方ばかりでなく、国民の王室に対する考え方も違うのです。ちなみに世界の君主国はわずか26か国のみ、人口は約3億8千万人で世界の総人口比たった5・4%です。そのうち日本、イギリス、タイの3国で全君主国の人口の65%を占めます。

私はロンドン勤務時代にバッキンガム宮殿のそばに住んでいました。エリザベス女王のウインザー居城、サンドリンガム別邸などあちこちで今は亡き女王を見かけましたが、警備体制も含めて日本の天皇とは全く違い、国民との距離感、分け隔てがありません。バッキンガム宮殿は火災の復興資金集めもあって、内部を一般公開さえしていました。日本のように政治家が外遊するたびに皇居に記帳に行くなど、まずしません。ヨーロッパの立憲君主制の国では君主の生前退位は当たり前に行われ、君主制と結びついた元号などはなく、男系にのみ王位が継承されることもありません。内閣記者会見で官房長官が会場に現れ登壇する際、常に国旗に頭を下げますが、外国人には不思議に思われるでしょう。学校行事で生徒が国歌を斉唱したりする光景も、外国ではまず見かけません。

天皇制は、日本に軍隊を二度と持たせないという制約条件の下でアメリカの占領政策によって憲法上に辛うじて残されたという事実を、決して忘れてはいけないでしょう。それにもかかわらず、自衛隊を実質国防軍にした上さらに元首としての天皇制復活まで夢見る人たちがいることに、私たちは十分注意を払う必要があります。

3　日本は国の安全保障を軍事力に頼らないと決意したはず

自衛隊絡みの改憲案は古くからある再軍備案の仕上げ

すでに述べてきたように、私は、憲法第9条を守るというのであれば、多くの憲法学者が憲法違反と認めている自衛隊を即刻廃止しなければ筋が通らないと思います。日本が独立を果たした1951年9月のサンフランシスコ講和条約についても、出来ることなら、東大の南原繁教授ほか多くの学者が主張した「全面講和条約」を締結し、全世界に向かって日本の非武装永世中立宣言をすべきだったと思います。しかし吉田茂首相は南原教授を「曲学阿世の徒」と罵倒し、国民の多くも政府が進めようとした単独講和を支持したこともあり、自由主義陣営52ヵ国との「単独講和」となりました。

おかげで日本は1950年6月に勃発した朝鮮戦争に際し、米軍からの物資調達の特需によって戦後10年も経ずして驚異的復興を遂げました。経済的には大正解だったかもしれない単独講和ですが、冷戦構造の中でアメリカと共に日本はソ連を仮想敵とする陣営の仲間入りを鮮明にし、以後アメリカから陰に日向に軍事的協力を求められるようになりました。

独立達成以降、「再軍備問題」は常に国会の与野党論戦の中心課題となり、1994年6月、社会党の村山首相が自衛隊を容認するまで続きました。近年、「再軍備」は話題として全く取り上げられなくなりましたが、それは自衛隊が既に再軍備する以上の実力を保有してしまっているからでしょう。この実力部隊を「隠れ軍隊」として公認させようとしているのが自衛隊を憲法に書き込む提案であると、私は思います。

国民に求められる覚悟

本来日本は、新憲法の下で非武装中立政策を基本とした安全保障政策を進めるべきでした。本書の提案は独立後70年以上経ってはしまいましたが、あらためて憲法に従い、軍事力に頼らず、「災害救助即応隊（ジャイロ）」による非軍事初動対処と、即刻進められる国際機関への提訴およびそれに続く交渉により、紛争を話し合いで解決しようというものです。

実際にはあり得ないとしても、もしも話し合いによる解決が失敗に終わり日本が独立を失う最悪事態になった場合、私たちは侵略者（新支配者）に対して不服従を貫く被占領国民としての覚悟が求められます。

「独立を軍事力によらず守る」とは、災害救助即応隊（ジャイロ）の初動対処努力や国際機関による調停努力と共に、国民に被占領者となる覚悟が求められることも想定しておくべきでしょう。国民に脅威を煽っている「テロ」対策などは、駅の構内のポスターにもある通り、もともと軍隊ではなく警察が対処する業務です。

そうとは言え、どうしても不安であるという人たちのために日本の安全保障が軽武装で十分な理由を一言で言えば、以下のようになるでしょう。

「高額な兵器や強大な軍備をどれだけ準備し、保有していても、いったん戦争になれば国民の生命・安全の完璧な保障は絶対に不可能である」

戦勝国といえども自国民に犠牲の出ない勝ち戦などありません。いくら最新鋭のステルス戦闘機をアメリカから買い、高額なミサイル防衛装置を使って反撃しても同じことです。日本が反撃すれば相手の更なる反撃を招き、当初の被害の数千倍もの被害をこうむるのが関の山。実は何と理屈をつけようが、この相互に反撃しあう状態こそが戦争と呼ばれるものであり、反撃は「百害あって一利あるか、なし」です。抵抗して殺されるより、降伏して占領され捕虜になった方がよほどましなことは、先の大戦で日本が、そして日本兵の多くが経験した史実です。

軍備・軍隊の強化は実はすべてビジネスのため

軍拡競争の無益なことは、「矛盾」という言葉の説明で誰にでもわかることです。矛(ほこ)は攻撃する武器の象徴で、どんなに敵が守りを固めても突破して敵を負かすことが出来る万能な攻撃兵器です。他方、盾(たて)は守る武器の象徴で、どんな攻撃を受けても絶対に攻撃を防ぐ万能な守備用の武器の象徴です。こんな矛と盾同士の戦争になったら未来永遠に勝負はつかず、その間に双方とも焦土となってしまいます。

「できるだけ戦闘で優位にある状態で終戦交渉に持ち込む」などと軍人や政治家が考えている間に、どれほどの自国民の被害が増えることか。先の戦争末期の東京大空襲や広島・長崎原爆投下の被害を思い出せば、すぐに理解できます。

敵にしても同じことを考えており、自国が戦況不利の状態で終戦交渉に応じるはずがありません。こんな簡単な理屈も分からず、世界は軍備拡張、兵器開発競争に一生懸命です。際限なき軍備拡張競争はお金のとてつもない無駄使いであって、軍需産業を喜ばせるだけです。このお金儲けこそが、実は戦争の目的と思ってまず間違いありません。

自衛隊をいくら強化しても、永遠に完全な抑止力とはなりません。抑止力とは、やられたらすぐにやり返す力、「反撃能力」のことです。「日本に反撃する能力があることを（想像上の）敵に見せつければ、どんな敵も反撃を恐れて攻撃してこない」というのが理屈ですが、そうは問屋が卸しません。日本に悪意・敵意を持つ国やテロ集団がある限り、激情に駆られ抑止力の計算など無視して捨て身の攻撃を仕掛けてくる可能性は、永久に残ります。

運悪く日本がそんな攻撃を受けた場合に自衛隊が反撃すれば、それこそが戦争の始まりです。一度反撃を食らっただけで「ハイ、わかりました。ごめんなさい」と攻撃をやめる敵などいません。攻撃と反撃が繰り返されるのが戦争です。抑止力を持つということは、戦争をする覚悟をもつことです。抑止力で戦争を未然に防ぐことができるなどとの言い分を信じてはいけません。軍事専門学では「敵味方の互いの武力の実力を計算し、自国の武力が敵より何割以上大きいと思えば戦争を仕掛け、あるいは、何割以下なら思い止まる」と説いています。しかしどんなに正確に敵の実力を推測してみても、思わぬ諸条件が重なって計算通りにいかないのが戦争です。

軍備拡張はそもそも、軍需産業ビジネスのために税金で武器・兵器を買い続ける壮大な〝エセ公共事業〟です。軍備拡張を続ける政府でさえ、実際に戦争が起こることを想定しているわけではなく、ただ国民が仮想の外敵に危機感を持ってくれることが政権への支持にとって重要、と考えているだけのケースが大半です。

世の中の人のすることは、慈善活動や趣味を除きすべてお金のため、言い換えれば経済、ビジネスと権力者の都合で行われていると考えて、ほぼ間違いありません。

どこの国にあっても、命の危険を懸ける兵士（志願兵・傭兵）という職業を選ぶのも、信条というより生活のための選択というのが実態でしょう。

私は十数年前、カンボジアでポルポト政権時代前後の内戦でポルポト派として戦った兵士に取材したことがありましたが、彼はシハヌーク殿下、フンセン、ポルポト、ヘンサムリンなどの武力集団のどの部隊に入隊するか決める時、お金さえもらえるならば誰がリーダーでも良かった、と正直に語っていました。

ましてやあらゆる産業の中で、軍需産業ほど経営側から見て〝おいしい〟ビジネスはありません。売上代金は国家予算から支払われるので焦げ付く心配はありません。政府は国民の安全のためと言っている手前、メーカーに対する値引要求はしてこないので言い値で売れます。いったん大砲を売り込めばその大砲に合った砲弾も必ず売れるため、消耗品とメンテナンス収入が永続的に見込めます。

ほとんどの兵器はメーカーごとに仕様が違うので、ひとたび一社から買ったら、途中でメーカーを変更することはまずありません。プリンターと同じで、本体の価格をタダ同然で安売りしても、その後の消耗品（専用のインクカートリッジ代）の収入で元は取れるのです。兵器は性能が高いほどその〝消費期限〟は短いので、買い替え需要も必ず見込めます。

政治家個人にとっても、大手軍需産業からの献金や選挙での票集めに好都合なので、軍需産業育成に躍起になるのです。

私たちはそんな戦争で儲ける一味に、騙されてはいないでしょうか。

困ったことに、軍人たちには購入した新兵器の性能を確かめたいとの強い誘惑が働きます。去るイラク戦争も、米軍の新兵器の性能実験や古い兵器の処分の意向が強く働いたとも言われています。

現在自公政府は、軍需産業から撤退する企業を引き止めるために、一丸となって国内兵器産業の育成に躍起です。平和と真逆の自公政府の政策に、大きな反対の声を選挙で示さねばなりません。

近隣諸外国との緊張関係など存在しない

２０２２年10月4日、政府はおよそ5年ぶりに、「北朝鮮が弾道ミサイルを発射したとみられる」として、全国瞬時警報システム（Ｊアラート）を使った「国民保護に関する情報」を出しました。北海道や東京都の島しょ部などでは聞き慣れない警報が鳴り響き、住民の中には驚いてパニックになった人も少なくなかったようです。

その後も、北朝鮮が弾道ミサイルを発射するたびにＮＨＫではニュース速報が出され、国家の一大事であるかのように伝えられています。もちろん、ミサイルが日本の領土に着弾すればそれは一大事ですが、そのように荒唐無稽な判断を北朝鮮が下す可能性はゼロに等しいでしょう。呆れて「またか」と思いはしても、これを本当の意味での脅威と認識している日本国民は、いったいどれくらいいるのでしょうか。

一方、テレビを見ると「～証券グループ」「～保険」など多くの金融企業がコマーシャルで海外の庶民生活の映像を使って「世界はひとつ」「わが社はグローバル企業」と平和な世界が当たり前のような広告映像を流しています。外国人も日本人と同じ人間であり、国際結婚もますます増えています。

そんな現実をよそに、政府は昔ながらの「隣国のならず者達はいつ日本を攻撃しようと考えているかわからない」などと中国・北朝鮮の脅威を煽りたてているのです。

北朝鮮とは国交がなく国情の内実が見えにくいので警戒する気になるのは理解できないでもないですが、中国とは国交もあり、経済的には互いに持ちつ持たれつの関係です。にもかかわらず、中国を仮想敵視してアメリカと一緒になって封じ込め政策を行い相手を刺激する軍事訓練をおおっぴらに繰り返す意味が理解できません。

政治家や評論家はわけ知り顔で「政治（軍事）と経済は別」と、いわゆる政経分離政策を主張しますが、これも意味不明です。政治を抜きに経済も通商も観光もあり得ません。まさに「軍備は軍需産業のための公共事業に過ぎない」ことを物語っています。政治権力者が軍需産業と結託するのは資本主義や共産主義国家に共通の構造ですから、政治体制とは無関係です。

軍事力の強化にアメリカ、中国やロシアなどが血眼になっている中で、日本がいかに頑張ってもこの3国を凌駕するような軍事力を持ち続けることなど所詮不可能です。

「軍事力強化が侵略に対する抑止力となり、国民の安全を高める」などと言うのは、実は経済成長の起爆剤としての軍需産業の成長を軍需産業と一体となって進めようとしているに他なりません。安倍首相がトランプ大統領の命ずるままにアメリカの兵器を爆買いしたのも、岸田首相がバイデン大統領に兵器爆買いを約束したのも、自民党政権の守護神アメリカのご機嫌取りに必死な、情けない日本のリーダーたちの姿です。

日本を愛する国民が日本の独立を脅かす不当な侵略を決して許さない気概を示すのは当然としても、それは不当な侵略勢力に対して抵抗の意思を示すことであって、相手を打ちのめすことではありません。日本の独立の気概を示すことに大きな意味があるのですから、「災害救助即応隊（ジャイロ）」で十分なのです。「抵抗すれども反撃せず」の実践は、「万利あって一害もなし」です。

日本の軍隊を使った侵略の数々

逆にもしも他国領土への侵略や他国の持つ利権を不当に得ようとする場合には、軍隊は間違いなく必要かつ有効です。これは日本の近代史を見れば一目瞭然です。

例1：1875年9月20日、明治政府は軍艦「雲揚」による挑発で李朝朝鮮に開国を迫り、日本に有利な「日朝修好条規」を締結。これは、ペリーの黒船に脅かされて日本が結んだ日米修好条約よりひどい不平等な内容だった（江華島事件）。

例2：1895年3月中旬、連合艦隊は澎湖列島を占領、日清講和談判の進行で釣魚諸島（現尖閣諸島）奪取の好機ととらえた伊藤博文内閣は釣魚諸島を沖縄県管轄の直轄領と閣議決定して1895年1月14日、島に標杭を建設（参考：『尖閣列島』井上清著、第三書館）。

例3：1904年、1905年と日露戦争の最中に第一次、二次日韓協約を結び韓国の財務・外交権を奪い保護国化、1910年には武力を背景に韓国を併合。

例4：1915年1月15日、大隈重信首相は第一次世界大戦に参戦しつつ中華民国袁世凱に最後通告を送り、ドイツが山東省に持っていた権益を日本が継承すること、旅順・大連の1997年まで、満鉄・安奉鉄道の2004年までの租借権延長する要求「対華21ヵ条」を突きつけた。

未来永劫に他国を威嚇したり戦争を仕掛けたりしないと憲法で誓った日本が、軍備を持つ必要理由など全くありません。

日本の国柄・憲法理念はマッチョで戦争大好きなアメリカとは大違い

岸田首相は被爆地広島出身でありながら、日本政府として核兵器禁止条約に反対しています。その上、核不拡散・核軍縮条約（ＮＰＴ条約）を無視して小型核兵器開発を続けるアメリカに何一つ抗議せず、核保有国と非保有国の橋渡しをするなどと言いつつ、結局何ら核廃絶の成果を生んでいません。それどころか原爆投下加害国のアメリカべったりの日本は、相も変わらず巨大な米軍基地を全国に自由に提供し利用させています。

歴代首相はひとつ覚えで「アメリカなどと自由と民主主義、法の支配の価値観を共有する日本」などと言いますが、私たち現代に生きる日本人の価値観は、最後は軍事力によって全て解決しようとしてきた歴史や伝統を持つアメリカのそれとは全く違います。

日本国民はあくまで、非武装・非戦の平和的手段によって紛争を解決することを憲法で誓っています。さらなる軍事同盟強化を迫るアメリカに対し日本は、「憲法第９条を持つ日本の国柄は軍隊を持つ普通の国とは違っていて当たり前」と、憲法を盾にキッパリNOと拒絶して筋を通すべきです。

戦争中毒のアメリカ（『戦争中毒』ジョエル・アンドレアス著、合同出版）と一緒にされては、たまったものではありません。世界を見渡せば現在、北朝鮮の核開発には反対であっても、アメリカに対して北朝鮮に対する以上に反感を持ち反発している国は少なくないのです。そんな世界一の軍事超大国アメリカと軍事同盟関係を強める一方の自公政権に安全保障政策を任せていれば、私たちは泥舟か腐った木造船に乗せられた乗客同然、いつ再び戦争の惨禍を味わうこととなるかわかりません。

確かに改憲派の人だけでなく実に多くの人たちが、「戸締りって大事よね」と国防と個人の住宅の戸締りを一緒くたに考える誤った日常感覚で、自衛隊は必要との暗示にかけられています。そして「軍隊を持たない国は一人前の独立国、一流国とみなされない」などの言葉を、常識のように信じている人たちも多いようです。

しかし私には、このような考えは日本人一般の生活習慣病のようにしか思えません。戦争に反対だと言うとすぐに「反日」とか「国賊」呼ばわりするグループの人たちも見かけますが、多くの日本国民は、真実さえ知れば自由主義を信奉し不戦・非武装中立を国是とする真の独立国「美しい日本」を愛してやまない人たちであるに違いありません。

第4章 「災害救助即応隊（ジャイロ）」創設か、自衛隊・日米安保体制の継続か

1 「災害救助即応隊（ジャイロ）」さえあれば自衛隊も米軍もいらない

私たちは今、政府がのめり込んでいる日米同盟という名の泥舟に乗って破滅に向うのか、理想の実現に向って栄光ある道を進むのかの岐路に立っています。

「自衛隊を災害救助隊に」との主張は特に目新しくはありません。この点は重要なので繰り返しますが、本書が提起する「災害救助即応隊（ジャイロ）」が画期的なのは、国民生活の不足を補う行政補完部隊であるとともに、海外での積極的な災害救助活動も行い、自衛権を行使する場面にあっても軍事力によらないで行う人道支援部隊ということです。

真の保守本流であることを自認する人たちは、「人間はその能力の限界をわきまえて

時間をかけ少しずつ公正で理想的な世界の実現に向かうしかなく、性急な変革を求めるべきではない」と言うかもしれません。しかし世界を見渡せば、終わりの見えないウクライナ戦争とその背景にあるロシア・中国とNATO諸国の対立構造、中国による台湾有事の可能性、緊張状態の続く中東情勢など、戦争という暴力と悲劇が毎日のように繰り返され、新たな可能性も日々現実味を増しています。変革にじっくり時間をかけている余裕はないのです。

世界の各地で多発している紛争は、歴史的、地理的、宗教的な背景があるので、そう簡単に非武装、話し合いによる解決はできないでしょう。それだからこそむしろ日本は、憲法前文にもあるとおり「われらは平和を維持し国際社会において名誉ある地位を占めたいと思う」を実践し、これらの世界的な紛争を一刻も早く平和的に解決するために先頭に立つ使命があります。自衛隊の災害救助即応隊（ジャイロ）への衣替えは、世界が心待ちしている構想なのです。

第1章で触れた石橋政嗣氏の「非武装中立」にある「自衛隊廃止はいつと時限を定めずいつの日か」では遅いのです。

軍艦や戦闘機などいずれ無用の長物となる高額な既存の兵器・武器を一刻も早く断捨

離するとともに、既に買う約束をしたものは違約金を支払ってでも即刻解約することです。無から有を創造するには時間とお金がかかりますが、現在有する不用物を捨てるのは、覚悟と決意さえあれば一瞬で可能です。

岸田自公政権は6兆8000億円超の防衛費当初予算案を盛り込んだ2023年度予算を、何ら内容説明に応えようともせず採決し可決しました。野党もこの壮大な防衛関係予算について徹底追及し否決できませんでした。

増え続ける防衛費で政府は、敵基地攻撃のため、また継戦能力を高めるための弾薬備蓄を目的に、全国で弾薬庫の新増設を行っています。数千億円にのぼるトマホークミサイルの購入、F-15ステルス戦闘機、イージス・アショアに代わるイージス艦新規建造などのミサイル防衛やヘリポート搭載護衛艦いずも（航空母艦）など、無駄な税金を使い放題です。

これらの武器は、災害救助即応隊（ジャイロ）が実現すれば〝無用の長物〟、粗大ゴミとなります。このお金を災害救助即応隊のための大型貨物輸送航空機、輸送ヘリ、救急ドクターヘリ、急患輸送小型ジェット、大型輸送船、駐屯地の整備、宿舎、避難所の建設費など災害救助、人道支援活動に必要な資金に使えば、支払ってなお、お釣りがきます。

自公政権が性急に進める国税の壮大な無駄使いを少数野党が止められないのは、現状の議席数からして仕方ないことですが、政府から独立した会計検査院はどうして、明確に憲法に違反する攻撃用武器購入予算支出を差し止めないのでしょう。すぐにでも予算の執行を止めて安全保障政策の路線転換、「災害救助即応隊」創設を決意すれば、予算的にも物理的にも取り返しのつかない国家的損失を避けることが出来るのです。

今の自衛隊が日本からなくなっても、私たちは何の心配もありません。強大な軍事力としての自衛隊はかえって近隣諸国の対日不信感情を刺激し、それ自体が余分な緊張関係を産む危険があります（とは言うものの私は、極めて技術水準の高い自衛隊音楽隊とよく訓練された賓客歓送迎用の儀仗隊は新組織に残したいと思います）。

軍事組織を保持するには莫大な予算が必要ですが、無くなったとしても私たちの日常生活で困ることは何一つありません。福島の原発事故からまだ12年しかたたないというのに、岸田政権はウクライナ戦争のドサクサで猛毒発電所（しかもその猛毒は無色・無臭で半永久的に消えない）の再稼働を決めました。私は原発そのものを即刻廃炉にすべきと思っていますが、原発はそれでも一応電気という目に見える便益を提供します。しかしわが国にとって税負担の大きい軍事力は、国民に目に見える便益を何ももたらしてはくれません。

米軍基地であれ自衛隊の基地であれ、軍事施設が自分の住んでいる場所の近くにあることは、私たちにとって不安材料であっても安心材料にはなりません。敵の攻撃目標になるからです。

2　自衛隊はいらない

自衛隊はもともと、米軍に利用されるための存在であり、その米軍は日本を守るために日本に駐留しているのではありません。

自衛隊は1950年の朝鮮戦争勃発と同時に、日本に駐留していた占領米軍が朝鮮半島に出兵してもぬけの殻となった日本に、GHQ占領軍の命令で創設されたものです。その目的は、米軍人・軍属の留守家族の保護と日本が共産化されないための治安維持組織です。日本国民を守るために作られたわけではありません。

一方在日米軍は日本を防衛するためではなく、アメリカの世界軍事戦略上、日本の基地を最大限利用するために存在しているのです。いったん有事となれば実際の戦闘の指揮権は完全に米軍が握ります。すでに米軍再編の中で陸・海・空自衛隊の最高司令部は全て米軍基地内に統合されています。

災害救助活動は自衛隊の平時での付随任務に過ぎない

災害時などで目にする自衛隊による被災地での献身的救援活動は、自衛隊の本来任務ではなく、あくまで被災地からの要請があったことによる、平時にのみ実施される付随任務です（自衛隊法第83条）。日本が平和で訓練の他にすることがないからこそ被災自治体からの要請で実施しているのであり、この活動を見て災害などの救助活動のために自衛隊があると思うのは誤解です。自衛隊員は救助作業をわざわざ認識しにくい迷彩服（戦闘服）着用で行っているのは、それが普段着だからです。一方消防職員は、目立つように鮮やかなオレンジ色の服を着て活動しています。

東日本大震災などで災害救助に活躍する場面がよく報道されていましたが、災害救助活動は戦場での兵営破損、負傷兵救助などの実地訓練として軍事的な意味もあります。2004年12月26日にマレーシアのリゾート地・プーケットで発生した津波で米軍が救助活動に出動しましたが、これも人道支援の形をとった米軍の軍事演習の一環でした。実際の災害現場での救助活動ほど、実戦さながらの絶好の訓練機会は他にありません。外国の軍隊も日本の自衛隊も平時には利他愛精神（他者への愛）で国民のための活動もしていますが、自衛隊の本来任務はあくまで国防です。

軍隊に潜む残虐性

戦闘場面で強力な武器を使われる側の兵士、民間人も、尊い人権を持った地球人であり、彼ら彼女らにも愛する家族がいます。今の政治家はほぼ１００パーセント戦後生まれなので戦争の怖さや非人道的な酷い実態を知りません。しかも彼らは、自らは決していかなる戦場にも行きません。若者を戦場に行かせ、自分たちは安全圏で高みの見物です。

太平洋戦争中、フィリピンのルソン島では「部隊を動員して逃げ去った住民を捜索し、捕らえた若い女性教師を直ちにスパイと断じて監禁した上、2年兵になったばかりの補充兵に命じて日本刀で斬首させた」り「置き去りにされた1歳にも満たない幼子をほかの兵士に空中に放り上げさせ落ちてくるところを銃剣を上に向けて串刺しにした」史実が、本人の体験報告として残っています（『ルソンの谷間』江崎誠致著、光人社NF文庫）。戦場とされた地域での旧日本軍の残虐行為は枚挙にいとまがありません。

このような実話を語ると、必ず「今の自衛隊は昔の軍隊とは根本的に違う」と言う人がいますが、生来軍隊に潜むこうした残虐性は心にとどめておく必要があります。

一方、戦争の悲惨さを体験した一般国民の数も年々少なくなっています。私事になりますが、私は数年前、98歳になる朝鮮半島からの引き揚げ女性に話を聞いたことがあります。彼女は朝鮮半島生まれで24歳の時に終戦を迎えた際、「自分たち外地居住同胞を見捨てたのはまず朝鮮総督府、帝国陸海軍そして国有鉄道関係者だった」と涙を交えて語っていました。これこそは国が一般国民を真っ先に見殺しにした例と言えるでしょう。どの国の政府も常に「軍隊は国民の生命と財産を護るためにある」と言いますが、史実が示すのは、「戦争が始まると、国民を守るための軍隊が軍隊を護るための国民となる。そして軍隊は軍隊を護るための軍隊、ついには隊長のための軍隊になっていく。軍隊では階級が上昇するほど（ママ）生還率が高くなる」と阿利莫二（元法政大学総長）の学徒出陣体験記『ルソン戦――死の谷』（岩波新書）にありました。

軍隊の恐ろしさ、戦争の恐ろしさは身体の傷と同様、自分で体験しない限り永久にわからないのかもしれません。ベストセラーで稼ぐ人気作家が特攻隊の死にざまをいくら美化しようとも、実際のところ戦争は殺し合い、相互破壊行為でしかありません。尊い若者が自らの生命を差し出す行為を作家が英雄視したり、潔いサムライ魂などと美化することは、絶対に許されません。

1960年の安保改定時に国会周辺が大規模デモで埋め尽くされましたが、その際に自衛隊がデモ隊鎮圧のために出動する寸前まで行きました。実際には当時の赤城宗徳防衛庁長官が拒絶したため出動しませんでしたが、国内の騒乱に際し銃口を国民に向けることがないとは言えないのが自衛隊です。

自衛隊は日本を戦争に巻き込みかねない火種のような存在

元海軍軍令部少佐として終戦を迎えた高橋甫(はじめ)氏は、「いくら小さくとも虎(軍隊)は虎、大きな猫(警察)とは大違い、油断すれば飼い主さえ噛み殺しかねない猛獣でコントロールが難しい。しかし一方で軍は虎でなければ作る意味がないのであって猫であってはならない」と、出来たばかりの自衛隊の前身である警察予備隊が軍隊であるとの認識を示していました(『軍備問題の考へ方、民族の運命の岐路に立ちて』1952年)。

そして再軍備反対を唱え、平和運動に余生を捧げました。

日本の自衛隊は海外では公然と軍隊（ミリタリー）と呼ばれて各種軍事統計に載っており、その軍事力は最新データで世界8位にランクされています。さらに装備の充実度合い、内容から算出した軍事力の強度を示す2015年版『クレディ・スイスデータ』（41ページ）ではアメリカ、ロシア、中国に次いで日本は世界4位です。軍隊を持たないはずの日本が軍事超大国とはまさにびっくりです。

あらゆる組織は増殖する性質を持っていますが、軍事組織はその中でもとりわけ悪に陥りやすい性質を持っていることは多くの人が指摘しています。伊東潤氏は『真実の航跡』（集英社、2019年）の中で日本海軍の人間関係に注目して「『阿吽の呼吸』と『忖度』が巨悪の源泉だった」と書いています。軍隊は特に肥大しやすく、武器を持っているだけ危険な組織と言えるのではないでしょうか。

防衛費は実入りのない掛け捨て保険と同じ

私たちの税金は年間5兆円以上が防衛予算に使われていますが、これは国民1人当たり年間約5万円の支出に相当します。岸田政権はこれを1人当たり年間11万円の支出にしようとしています。防衛予算はいわば、有りもしない侵略に備える掛け捨ての生命・損害保険です。私たちはこれまでずっと保険料を払い続けてきましたが、実感できる還付金（見返り）は災害救助を除けば何もありませんでした。多くの雇用を生み出してきたではないかという声が上がるかもしれませんが、自衛隊員と家族に回った人件費は、防衛予算総額の半分以下に過ぎません。

大手原発メーカー東芝の元技術者の小倉志郎さんは、「沿岸を原発で囲まれた日本が自衛戦争など出来るはずがありません。原発が攻撃されたら日本は永久に人が住めない国土になります。だから防衛予算は完全な税金の無駄づかいです」とキッパリ言っています。

日米同盟の下で〝専守防衛〟はありえない幻想

専守防衛はその字面から「専ら守る」だけで攻撃は一切しないとつい思いがちです。日本が国際的に「中立」を宣言し堅固にその義務を遵守しない限り、掛け声だけの専守防衛は全く意味を持ちません。第一次世界大戦や日中十五年戦争のきっかけから泥沼の大戦争に発展した経緯をみれば、このことを史実が証明しています。

例えば第一次世界大戦のきっかけは、オーストリア・ハンガリー帝国の皇太子夫妻がサラエボでセルビア人青年に暗殺されたことでしたが、両国のそれぞれの同盟国が同盟関係を理由に次々に参戦し、ついに世界的規模の戦争に拡大しました。戦闘員900万人以上、それに非戦闘員700万人以上が死亡するという史上最大の戦争の一つです。

現在軍隊を持っている国は、どの国も例外なく「我が国の軍隊は独立を守るための専守防衛軍である」と言います。「我が国の軍隊は攻撃専門の軍隊です」とか「防衛以外にたまには他国を攻撃もします」などと言う国はありません。実際のところ世界のほとんどの国は軍隊保有国となっていますが、日ごろ外国に出かけて行って戦争したり領土を獲得したりする国は、敢えて言うならアメリカ（イラン、アフガン、中南米諸国への軍事介入）とロシア（クリミア半島併合、ウクライナ侵攻）それに中国（海洋進出、台湾有事の可能性示唆）くらいのもので、そのほかの国の軍隊がこんな乱暴なことを常にしているとは誰も思っていません。

「攻撃は最大の防御」などと言って「攻撃イコール実は防衛の一環である」とまで言い出したら、すべての戦闘行為が防衛行動になってしまいます。いったん戦闘に火が付けば、防衛と攻撃の区別など付きません。自衛隊は日米安保条約の義務上、日本の専守防衛の作戦範囲内と言いつつ、あらゆる米軍の戦闘に補完部隊どころか尖兵として必ず駆り出されます。日本はいくら自衛隊の出動は日本の有事に限定すると決めていても、アメリカから日本の存立危機であると言われて日本の集団的自衛権行使の要請があれば断れません。それが同盟関係（Boots on the ground）の意味です。

そしてこの関係について、より悪い方向に決定的な変化をもたらしたのが、岸田自公政権です。２０２２年12月の安全保障関連３文書の閣議決定で、自衛隊は敵基地への先制攻撃能力も持つことになりました。既に自衛隊は世界最強の米軍と常に共同訓練を行っている強力な実力組織ですが、これからは米軍に代わって敵基地を攻撃する部隊になります。

3　米軍の駐留、日米安保条約も日本にはいらない

米軍は前進攻撃基地として日本の領土を無料で利用しているだけ

日本政府・国民は終戦以来米軍の日本駐留・基地保有を許しています。政治的発言行為を禁じられているはずの昭和天皇が、マッカーサー司令部に米軍の日本駐留、沖縄の

永久占領継続を直接文書で依頼していたことも、今でははっきりしています。

日本はサンフランシスコ条約で独立を認められると同時に、別に調印された日米安全保障条約で、アメリカ軍が日本のどこにでも望む場所に望むだけの基地を持ち利用することを認めました。

日本国民の多くが、アメリカ駐留軍は日本の独立を護るために駐留しており、日本の独立を護るのに必要な基地として日本国内の米軍基地を活用していると考えていますが、これは全くの誤解です。アメリカが日本に基地を置いて駐留しているのは、アメリカの世界軍事戦略上、日本の領土を必要としているからです。

イラン、イラク、アフガニスタンなど中東諸国と大きな時差がなく瞬時に出撃可能で、しかもインド洋、マラッカ海峡、さらに中国の海洋進出の警戒にも出動可能な場所として、日本は最適な位置にあります。日本は最近でこそ凋落が言われますが一応は経済大国であり、思いやり予算により多額の経費負担までしてくれるので、アメリカの駐留経費は安く済みます。兵器や飛行機、船舶の修理技術レベルもアメリカ以上のものがあり、全く不足はありません。米軍人もその家族も日常生活はアメリカにいるのと同レベルを維持できるので日本に駐留する不満も少なく、アメリカ政府が日本ほど都合の良い基地はないと考えるのは当然です。

かつて中曽根首相が、日本は米軍にとっての不沈空母であると正直に述べたことがありました。日本にある米軍基地を海の上の航空母艦に例えてそう言ったのです。なんと卑屈な言葉でしょう。航空母艦は敵地を空から攻撃するために戦闘機を積載して航行できる巨大戦艦です。

故安倍首相は「いずも」と「かが」の2隻の航空母艦（実際は既存の戦艦を改造）を持つことを決めましたが、この2隻は自公政府がどう言い訳しようとも攻撃用の戦艦であり、専守防衛の護衛艦と言える代物ではありません。

日本に残っていて欲しいと米軍にしがみついているのは、抑止力という名分を借りた自民党・公明党政権と、それにつき従う外務・防衛官僚です。国民のみなさんはこの点にぜひ気づいて欲しいものです。

「アメリカの核兵器の〝傘〟が日本の平和と独立を守る最後の拠り所」という日本政府の考えは、唯一の被爆国の国民として恥ずかしいかぎりです。

米軍による日常的な事故、騒音、犯罪被害は、国会が日米安保条約の破棄通告さえすればすぐにでも完全に解消します。得るものは多く失うものは何も無い政策なのに、なぜそこに目が行かないのか、わかりません。

日米合同委員会の存在

日米合同委員会は、1960年に締結された日米安保条約第6条に基づく日米地位協定の運用を協議する実務者会議として開催され、今に続いています。主に在日米軍関係のことを協議する機関ですが、実際には日本の政治家が決めるべきことまで関与していると言われています。

日米共に政治家は参加せず、日本側は外務省北米局長他、農林省、法務省、財務省の局長級その他省庁代表が出席し、アメリカ側は駐日アメリカ公使の他は在日米軍司令部副司令官、陸軍、海軍、空軍司令部の参謀長等すべて軍人が参加する会議です。毎月2回、東京・南麻布にある米軍施設「ニュー山王ホテル」と外務省が設定する会場で開催されています。ここで過去には、貿易収支の赤字に悩むアメリカ政府が、日本に対米輸出を抑え大型ショッピングセンター建設や高速道路建設など国内の積極財政投資を促す要望まで出したといわれていますが、委員会の透明性が乏しく、実際の議論内容はわからないことが最大の問題です。アメリカ政府の意向が米軍人の口から日本の政策決定の実務者にこのような圧力がかかっているとすれば、日本は独立国として体をなしているとは言えません。

日米地位協定の著しい不平等性

日本が独立国かどうか疑わしい事例は他にもあります。

東京のど真ん中、六本木には立派な米軍基地「赤坂プレスセンター」があります。ここに降り立つアメリカ人は、入管手続きを経なくても自由に日本の領土に出入りできます。トランプ前大統領もバイデン現大統領も、横田基地という裏玄関から日本に入国しました。日本は独立国として恥ずかしい限りです。東京上空を管轄する権利も、いまだに横田基地の米軍に握られたままです。

さらに、日本に駐留する米軍の法律的扱いを決めた日米地位協定は、同じ敗戦国のドイツ、イタリアと米軍の間で結ばれている地位協定に比べはるかに不平等なものです。

ドイツ：地位協定（ボン補足協定、1959年締結）を1993年改訂、米軍機に対して国内法（航空法）が適用され飛行禁止区域や低空飛行禁止を定めている。

イタリア：伊米地位協定ですべての米軍基地はイタリア軍の司令官のもとにおかれ、軍事訓練や演習を行う場合はイタリア政府（軍）の許可を受けなければならない。
韓国：韓米地位協定で環境条項が創設されており、基地内での汚染については自治体が立ち入り調査できる、返還後の米軍基地内で汚染が見つかれば米軍が浄化義務を負う。また、2012年5月、24時間以内に起訴しない場合は米軍容疑者を釈放しなくてはならない、との規定を削除。

（参考：『日米地位協定入門』前泊博盛編著、創元社）

韓国では日本軍の無条件降伏後アメリカが施政権を日本から譲りうけ、1945年9月7日、マッカーサー連合国軍最高司令長官によって出された布告第1号で発足した米軍政庁による占領が開始されました。その後ドイツ・イタリア・韓国は独立を果たし、再軍備を行い普通の軍隊保有国となっています。

これらの国々の地位協定はアメリカとほぼ対等に近い形になっていますが、日本はほとんど批准当初の不平等のままです。こんな卑屈な地位協定を受け入れていながら、「日本の独立を護る使命を持った自衛隊を憲法に書き込む」と言っている自公政府が、私には理解できません。日米地位協定と言いますが、在日米軍の法的地位を定め日本がそれを受け入れる協定です。

そもそも地位協定とは、外国の軍隊（アメリカ軍）に自国の安全保障を託している国（日本）が、外国軍が自国（日本）内で円滑に活動できるように結ぶ特別協定です。2009年、日本はソマリア沖アデン湾の海賊から日本船舶を護衛するため海上自衛隊を派遣しました。その後、護衛対象・目的は拡大され、2011年にはジブチ共和国のジブチ国際空港敷地内に海外初の自衛隊の恒久基地を建設し、現在約400人の陸海自衛隊員が常駐しています。

2009年4月3日に日本はジブチと日ジブチ地位協定を結びましたが、協定の内容は自衛隊員に外交官特権同様の特権を与え裁判権も日本が持つ（治外法権）等、ジブチにとって極めて不平等な内容となっています。つまり日本もジブチに押し付けているように、外国軍の受入国は不平等な地位協定を受け入れざるを得ないのです。

平和運動に熱心な護憲グループが、日米地協定の改定を声を大にして叫んでいます。しかし、いくら地位協定を改定しても、それで日本の基地問題が解決し、米兵の犯罪がなくなり、日本が平和になるわけではありません。私たちは、あくまで日米安保条約の廃棄、米軍の完全撤退、米軍基地の完全返還を求めて、独立と相反する外国軍隊の駐留

1）主な米軍演習場	
北海道	千歳演習場、別海矢臼別演習場、上富良野演習場
山梨県	富士吉田市と静岡県御殿場市にある北・東・富士演習場
沖縄県	国頭郡の北部訓練場、キャンプハンセン、キャンプシュワブ演習場
2）主な米軍飛行場	
青森県	三沢飛行場
東京	横田飛行場
千葉県	木更津飛行場
神奈川県	厚木海軍飛行場
石川県	小松飛行場
山口県	岩国飛行場
沖縄県	嘉手納飛行場、普天間飛行場

をなくすことを目指すべきです。この点を護憲運動の皆さんにぜひ理解してもらいたいと思います。

米軍撤退により日本の経費負担はどれくらい減るか

日本に存在する米軍基地は現在、北は北海道、東北地方の青森県、岩手県、山形県、宮城県、関東地方の東京都、埼玉県、千葉県、茨城県、群馬県、神奈川県をはじめとして日本全国30都道府県に点在しています。これらの基地の用途は、演習場、飛行場、通信、港湾、倉庫、兵舎など様々ですが、中には自衛隊との共同使用施設も含まれています（資料：防衛省・自衛隊ホームページ）。ちなみに米軍基地のない県は秋田県、福島県、栃木県、長野県、富山県、石川県、大阪府、愛知県、和歌山県、三重県、奈良県、島根県、四国4県と九州の佐賀県のわずか17府県のみです。

全国128施設・区域、約980平方キロメートル（東京都面積の約46%、大阪府面積の約52%に相当）の中で、沖縄県には32施設・区域（約187平方キロメートル）が置かれており、沖縄の負担は全体の約20%となっていますが、前述のとおりこの全国の面積数字には自衛隊との共用基地も含まれています。通常私たちが耳にする「沖縄県が日本全体の米軍基地の面積の75%を負担している」というのは、陸上の米軍専用基地面積をベースに計算されたものです。いずれにせよ沖縄県の米軍基地負担が過分である事実に変わりはありません。

さて、この米軍に対する日本の財政的援助・負担は相当な金額になっています。2022年度予算における在日米軍関係経費は、合計6328億円にものぼります。

本書の自衛隊の「災害救助即応隊（ジャイロ）」化提案では、組織変更後も自衛隊に関わる部分の予算額は現状と変わりません。防衛装備品という名のもとに爆買いしていたジェット機、ミサイル防衛システム、武器・兵器の購入費用を「災害救助即応隊」隊員の人員増加に伴う人件費や輸送船、隊員駐屯、避難所施設など初期のインフラ整備に向けなければならないからです。

一方、日米安保条約廃棄により米軍駐留がなくなれば、これまでの米軍関係に支出される予算は、１００％そっくり今後ほぼ恒久的に社会福祉や教育予算に充当できます。託児所の増設、介護士の待遇改善、職業訓練の充実、虐待児童の相談所の増設、相談員の増員、義務教育教員の増員など、どれほど多くのことが可能になることでしょう。

さらに返還後の米軍基地跡地の再開発による経済効果、米軍撤退による犯罪減少、横田空域の解消による航空便の増便と飛行燃料の節約など、アメリカからの真の独立を実現させることによる経済効果、治安効果は計り知れません。

第5章　外国から攻められたらどうするかと聞かれたら

1　日本は国境を天然の要塞でまもられている

戦前、日本は侵略によって満蒙（中国東北部）・朝鮮・台湾を自国領土としていました。明治時代には朝鮮半島を、昭和になってからは満蒙を「日本の死活にかかわる生命線」などと言っていたのは、日本の植民地がロシア（当時のソ連）や中国と国境を陸続きで接していたからでした。

１９４５年の敗戦にともない、陸上で国境を接する外国は一つも無くなりました。大日本帝国時代に抱えていた国境問題はすでに影も形もありません。現在の日本は四方を海に囲まれており、ヨーロッパやアフリカ、アジア、アメリカ大陸の諸国のように、戦車がある晩突然国境を越えて侵入して来ることなどあり得ません。例えばロシアに侵攻されたウクライナは周囲をロシア、ベラルーシ、ポーランド、モルドバ、ルーマニア、ハンガリー、スロバキアの7ヵ国に囲まれており、日本とは地理的条件が大違いです。

日本はいわば、海という自然の大きな深い〝お濠〟で囲まれています。それは江戸城、現在の皇居のお濠の何百万倍の幅と深さと荒波のあるお濠です。かつてのトランプ大統領のように、メキシコとの国境に莫大な費用をかけて高いコンクリート塀など築く必要はありません。

日本を攻めるには海上か空、宇宙、サイバー攻撃しか方法がない

かつて東西冷戦の真只中の時代、自衛隊はソ連が揚陸艇で運んだ戦車で上陸する事態を想定し、応戦体制を整えていました。北海道に今でも自衛隊基地が多いのはその名残です。実際は、ある自衛隊幹部OBが「そんな事態が実際起こるとは当時の我々は誰も考えてはいなかった」と正直に語っていますが、四方を海で囲まれた日本に予想される外敵の侵入経路の第一歩は海から、空から、あるいはサイバー攻撃でしょう。

侵入者が領海を侵犯する場合は、沿岸警備隊（うみガード）が領海の最前線で警告を発し領海侵入を阻止します。侵入者が領空を侵犯する場合は、航空警備隊（そらガー

ド）が監視し、領空侵犯者に対して警告を発し領空から退去させます。しかしそれらの警戒網をかいくぐった侵入者に対してはどう対処するのか。

侵入組織が沿岸警備隊の対処をかいくぐり上陸を果たした場合は、近くに駐屯する陸上警備隊（りくガード）が初動対応します。領海侵犯時点で当然連絡が入るので陸上警備隊が出動し対処する時間的余裕があります。国際機関に不法な侵攻があった旨、訴える時間的余裕もあります。

しかし空襲や宇宙からの不意の攻撃があるとすれば、これはいくら航空警備隊が多少は時間稼ぎが出来たとしても、空襲はすぐに始まりますからまず対処不能です。まして宇宙空間からの奇襲となれば、いくら防空システムにお金を掛けても未然に防ぐことなど絶対に不可能であり、この点は多くの軍事専門家も同意見でしょう。

宇宙空間の軍事基地からの攻撃や、コンピュータへの侵入による日本国民の生活やインフラの安全を脅かすサイバー攻撃が仮にあったとしたら、そんな予期せぬ攻撃に日本は一体どうやって対処できるというのでしょう。

私たちは、日本を攻撃し混乱させる動機を世界の誰にも与えないようにするしか、防ぎようはありません。

他国領土侵略はコスパが悪く誰もやらない

仮にどこかの国が日本の領土（尖閣諸島などの離島）に上陸して侵略したとしても、その離島を占有し続けるには途方もないお金と労力がかかります。もともとインフラの整っていない離島に食料や水など生活物資を補給し続け、しかも日本に取り返されないように守備も欠かせないとなると、よほどの海底資源でもない限りコスパ（費用対効果）に見合わないでしょう。

インドやアフリカの植民地経営が資金・人員的にどれほど経済的負担であったかは、第二次世界大戦後にヨーロッパの旧宗主国であるフランスやイギリスなどが旧植民地を相次いで手放した事実を見ても明らかです。

「攻められたらどうする」への反論

このように現実的な可能性から見てあり得ないことでも、「攻められたらどうする」というツッコミに、多くの護憲派が応えられない事態が続いてきました。本書は、これに反論する材料を皆さんに提供したいという思いの元に書かれています。

この改憲論者の古典的質問への回答については、私が畏敬する研究者の稲田恭明氏が見事に論じておられます。注目すべき論点がちりばめられていますので、長いですが引用（一部省略）させていただきます。

「攻められたらどうするか」という問いと、護憲派内部におけるいわゆる「専守防衛」派と「非武装」派の対立をいかにすれば止揚できるか、という二つの問題に的を絞り考察を記したい。

1　「攻められたらどうするか」という問いにどう答えるか

（1）理想状況における回答

「攻められたらどうする？」という問いは、護憲派の中でも、専守防衛派ではなく、主に不戦非武装派に対して向けられるもの。この問いが投げかけられたとき、不戦非武装派は、「攻められる」とは、次の2つの場合のどちらを想定しているのかと反問すべきである。すなわち、不戦非武装派が考えるような9条の理想が達成された状況、すなわち、自衛隊という軍隊を解散し、日米安保という軍事同盟を解消し、国際社会、とりわけ東アジアにおいて近隣諸国との平和で友好的な外交関係を築き、世界の諸地域の紛争解決や人道支援に率先して取り組むような国になった場合のことなのか、それとも、自衛隊も安保条約も厳然として存在し、近隣諸国との緊張関係が続き、日本が軍備の増強を続けている現在のような状況なのか、と。前者の状況であれば、日本が他国から「攻められる」可能性は限りなくゼロに近づくだろうが、後者の状況であれば、軍拡に努めれば努めるほど、周辺諸国との緊張を高め、結果として「攻められる」可能性も高まるから、後者の状況から前者の状況へと変えていくべきだ、というのが非武装派の答えである。

もちろん前者のような状況であったとしてもリスクを完全にゼロにすることはできない。自分では人助けをしているつもりでも、知らぬ間に相手の足を踏んでいた、といったこともありうるから、自国の善意が他国の好意を常に保証するとは限らないからである。しかしいきなり他国が「攻めてくる」ということは、これだけ瞬時に情報が世界中を飛び交う現代世界においてはあり得ない。「攻めてくる」以前の段階で相手国の不満なり非難なりが表明されるなど、なんらかの（武力に至らない）紛争状態が生じているはずである。そうであれば、直ちに相手国と交渉による平和的解決に努めることが、憲法上はもちろん国際法上も政府の義務である。〈中略〉二国間での解決が困難であれば、第三国による仲裁を依頼することも検討すべきだし、どうしても一致点を見いだせない場合には問題の棚上げ・先送りといった方法で紛争を回避することも考えられよう。相手国が交渉を拒否して武力行使に訴えそうな状況になれば、日本はこうした状況を積極的に国際社会に発信し、世界各国や国際機関の注意を惹くべきである。

粘り強い交渉によって、紛争を解決することは可能である。

それでもなお、話し合いによる解決を拒否し、非武装の日本を攻めてくる国があったとしたらどうするのか、というのが、冒頭の問いの正確な意味となるであろう。いかなる侵略国といえども、武力行使を行う際には、「自衛権」など何らかの国際法的口実を持ち出すのが常であり最近のロシアのウクライナ侵攻もまた然りである。ところが、ここで想定されている日本は非武装であるから、日本を「攻めてくる」国は、国際法上いかなる正当化根拠（口実）も援用することができず、攻撃目標はことごとく非軍事目標であるから、明々白々たる国際人道法上の大犯罪を世界注視の中で行うことになる。これほどの愚行を行う国が存在するとは信じがたいが、それでもなお、「あった」と仮定しよう。その国が国連安保理常任理事国でなければ、直ちに安保理が開かれ、集団安全保障措置（国連憲章第7章）が取られるはずであるが、仮にその国が常任理事国であれば安保理は機能しない。しかしその場合でも、朝鮮戦争の際の「平和のための結集決議」のような決議を国連総会に求めることは十分可能であろう。仮にそれができない場合は、日本は国際社会に仲裁もしくは国際会議による解決を求めるべきであろう。それでもなお、相手国が非軍事目標（しか日本にはない）への攻撃という国際人道犯罪を続け、「降伏」以外にそれをやめさせる方法がない場合には、誇りをもって降伏すればよい。他国を侵略したり、国際人道上の犯罪を犯すことは恥ずべき行為であるが、降伏することは、それ自体として恥ずべきことではない。軍事力の強弱は道徳的な高潔さや卑劣さとは無関係である。交渉も拒否し、国際法も無視して違法・非道な武力行使を続ける国から人民の生命と財産を守るために誇りをもって降伏することは何ら恥ずべきことではない。卑劣で恥ずべきなのは相手国の方であろう。〈中略〉また、降伏するということは相手国の奴隷になることではない。降伏の後に行われる講和会議においては、侵略国に不当な「侵略の果実」を得させないために、第三国を含む国際会議を呼びかけ、国際法の原則に基づいた公平な解決を求めるべきである。世界中が弁明の余地のない侵略を目の当たりにした後では、これはそれほど困難なことではないであろう。

（2）現実的もしくは過渡的状況における回答

非武装中立の実現に至るまでにどのくらいの年月が必要なのかまだはっきりしないのが現状だ。ならば自衛隊も日米安保も存在する状況の中で「攻められたらどうするのか？」というのが次に来る質問である。

〈中略〉

これに対して、我々は、「攻められても、侵略されても武力をもっては戦わない、軍事力では対抗しない」と堂々と宣言している。「武力をもっては戦わない」ことと「降伏する」ことが直ちに直結するわけではなく、その間に採り得る様々な選択肢が存在することは、「理想状況」の段で述べた通りだ。

つまり、現在のように軍事力を保有している状態において、万が一「攻められた」としても、決して「軍事力では対抗しない」という一点で、護憲派は大同団結すべきである。その理由は、ウクライナを見てもわかるように、「武力で平和は守れない」。反撃すれば、相手は震えあがってたちまち攻撃をやめてくれる、などという世界は無いからだ。反撃すれば、相手もそれを上回る攻撃を加えてくるのは必定であり、戦争は泥沼化して両国の犠牲者が増え続ける。そもそも軍備を拡張すれば安全が得られると思うのは根本的な錯誤である。〈中略〉戦争を準備する者は戦争を近づける者であり、聖書も説くように、「剣を取る者は剣で滅びる」（マタイ26章52節）。戦争を準備しようとする勢力に対しては、護憲派は9条の解釈はさておき、「武力ではなく対話で平和を創り出そう」を合言葉に大同団結すべきである。

2　護憲派は「専守防衛」論と「非武装」論の対立を止揚できるのか

「国民の多くが憲法9条は「専守防衛」の自衛隊は合憲であり必要な存在だ、と思いたい根拠」を真正面から受け止め、「攻められたらどうする」という不安と問いに向き合うことを提言する向きもあるが「現憲法は9条を「自衛権」も「自衛戦争」も放棄したものとして受け止め、かつ、自衛隊を憲法違反の存在と認識する限り」、「攻められても武力をもっては戦わない、降伏する」という「以外の選択肢はない」という明らかに不戦非武装派を支持する。それが正しい9条解釈だからではなく、それこそが安全保障政策として最も安全に資すると思うからである。憲法9条の解釈をめぐって、非武装主義と専守防衛論のいずれが正しいかを議論をしても水掛け論に終わる公算が極めて高く、あまり生産的ではない。それよりも、戦争の準備を進め、戦争を近づけようとする勢力に反対する人々は、9条の解釈がどうであれ、「戦争絶対反対」「武力でなく対話で平和を創り出そう」を合言葉に一致団結して反対すべきである。ここに専守防衛派と不戦非武装派の対立を超えて護憲派が大同団結すべき一致点が見出せる。

（稲田恭明氏、完全護憲の会宛の「攻められたらどうするか」より）

2　非武装こそが戦争を防ぐ

再軍備を進めたい人たちは戦争を防ぐために軍事力は必要と言います。しかし、国民に一切被害を及ぼさずに戦争を未然に防ぐ方法は、今日の世界においては友好的な話し合いによる紛争解決しかありません。

「話し合いで解決できるくらいなら問題はない、解決しないからこそ時に戦争が起こるのだ」と言う人もいます。しかし話し合いでいくら時間をかけても解決しない問題が、どうして武力だと解決するのでしょうか。武力による解決法は本当の意味での問題解決ではなく、違う考えを持つ者に対して力でねじ伏せるだけのことです。強引にねじ伏せられた側が簡単にねじ伏せた人たちに従うことなどあるでしょうか。いつまでたっても問題はくすぶったままです。話し合いで容易に解決しない問題であっても、時間をかけて最後まで話し合いでお互いの妥協点を見出して折り合うしかないのです。

仮にどこかの国家がある日突然、悪意のかけらもない日本に対して組織的に不当に攻めて来たらどうするか、その場合に丸腰に近い災害救助即応隊で日本の独立や国民の生命と財産が守れるか、との不安や心配や疑問を抱く人がいるかもしれません。世界は軍隊を持っている国だらけですし、日本にも自衛隊が軍隊の代わりにもう70年近く存在しているのですから、いまさら丸腰になるのは心配だ、と思う人たちが多いのも理解はできます。

シジュウカラは言葉を持つ鳥という研究がありますが、それでも鳴き声で天敵の到来を知らせ、「警戒しろ!」と仲間の鳥に伝えるのがせいぜいです。それに対し人間は、どんな複雑な内容であっても言葉を操ってお互いに納得するまで意思疎通することができる唯一の動物です。同時に始末の悪いことに人間は、唯一素手でなく武器を使って、それも度を越す殺傷能力を持った武器でお互い殺しあう野蛮な動物でもあります。なぜ人間しか持っていない口と言葉を持ちながら、人間以外は使わない野蛮な武器を持って殺し合い破壊しあうのか、私たちは原点に立ち返って考えてみる必要があります。

『あたらしい憲法のはなし』

本書の構想が実現した、自衛隊が災害救助即応隊に改編された後の非武装中立国としての日本の姿は、新憲法を普及させるために1947年8月2日に文部省が発行した『あたらしい憲法のはなし』にそのまま表されています。この冊子は1951年3月まで中学1年の社会科教材として使用されました。そこには歴代自民党政府の変更的解釈でおかしくされる前の、自衛戦争も含む一切の戦争をしてはいけないと決意した憲法制定当時の精神がそのまま息づいています。

『あたらしい憲法のはなし』の中から、戦争放棄を宣言した第9条の解説「六　戦争の放棄」のページを読んでみてください。

みなさんの中には、こんどの戦争に、おとうさんやにいさんを送りだされた人も多いでしょう。ごぶじにおかえりになったでしょうか。それともとうとうおかえりにならなかったでしょうか。また、くうしゅうで、家やうちの人を、なくされた人も多いでしょう。いまやっと戦争はおわりました。二度とこんなおそろしい、かなしい思いをしたくないと思いませんか。こんな戦争をして、日本の国はどんな利益があったでしょうか。何もありません。ただ、おそろしい、かなしいことが、たくさんおこっただけではありませんか。戦争は人間をほろぼすことです。世の中のよいものをこわすことです。だから、こんどの戦争をしかけた国には、大きな責任があるといわなければなりません。このまえの世界戦争のあとでも、もう戦争は二度とやるまいと、多くの国々ではいろいろ考えましたが、またこんな大戦争をおこしてしまったのは、まことに残念なことではありませんか。

そこでこんどの憲法では、日本の国が、けっして二度と戦争をしないように、二つのことをきめました。その一つは、兵隊も軍艦も飛行機も、およそ戦争をするためのものは、いっさいもたないということです。これからさき日本には、陸軍も海軍も空軍もないのです。これを戦力の放棄といいます。「放棄」とは「すててしまう」ということです。しかしみなさんは、けっして心ぼそく思うことはありません。日本は正しいことを、ほかの国よりさきに行ったのです。世の中に、正しいことぐらい強いものはありません。

もう一つは、よその国と争いごとがおこったとき、けっして戦争によって、相手をまかして、じぶんのいいぶんをとおそうとしないということをきめたのです。おだやかにそうだんをして、きまりをつけようというのです。なぜならば、いくさをしかけることは、けっきょく、じぶんの国をほろぼすようなはめになるからです。また、戦争とまでゆかずとも、国の力で、相手をおどすようなことは、いっさいしないことにきめたのです。これを戦争の放棄というのです。そうしてよその国となかよくして、世界中の国が、よい友だちになってくれるようにすれば、日本の国は、さかえてゆけるのです。

みなさん、あのおそろしい戦争が、二度とおこらないように、また戦争を二度とおこさないようにいたしましょう。

（一部旧漢字や仮名遣いを改めた）

軍事施設はかえって住民の不安につながる

このようにかつての日本は、非武装中立であることこそが戦争の回避につながるという考えをもっていました。それなのに、70年以上を経た現在、自民党政権は、莫大な血税を使って高額なミサイル防衛システム、ステルス戦闘機などをアメリカから言い値で買い続ける約束をしています。これらは専門家が科学的に見て役に立たないと断言している、壮大な予算の無駄づかいです。未然に攻撃を防げないばかりか、システム自体が攻撃目標となり住民に不安さえ与えます。

私は2018年7月、アメリカ中部のワイオミング州の州都であるシャイアンを訪れました。60年代にテレビで人気番組だった「ララミー牧場」の舞台ともなった西部劇の中心地です。

かつての中央駅は現在、貨物専用駅兼観光案内所になっていますが、ガイドの男性にシャイアンの最大の産業は何か尋ねたところ、「Government（政府関係）」だというのです。よく聞くとそれは州政府のことではなく、市内にある巨大なワレン空軍基地のことを指しており、市の人口の1割近くにあたる空軍関係者が働いているシャイアン最大の産業だと説明してくれたのでした。

ワレン空軍基地はアメリカに3か所あるミサイル防衛基地のひとつであり、「シャイアンがいつテロの標的にされるか気が気でない」と心配していました。国民を守るはずの施設や装備がかえって近隣住民の心配の種になっているのが、軍事大国アメリカの実態なのです。

軍備全廃を訴え続けた遠藤三郎元陸軍中将

さて、私の住む埼玉県には、生涯を軍備全廃運動にささげた元陸軍中将遠藤三郎さんの実家があります。遠藤元中将は陸士26期、フランス陸大卒、陸軍航空士官学校長を経て、終戦時は軍需省航空兵器総局長官（大臣は東條英機、次官岸信介）の任にありました。私が非武装中立の理を確信したのも、「将来の戦争は空軍中心の戦争になるが制空権の100％確保は物理的に絶対不可能」と日記に残し、戦争を未然に防ぐしか平和の方法はないと主張し続けた遠藤元中将の信念を知ったからです。

『将軍の遺言　遠藤三郎日記』（宮武剛著、毎日新聞社）より引用します。陸軍省部と戦場の実戦の双方を経験した稀有なエリート軍人の言葉には、重みがあります。

1953年11月には「軍人生活の体験に基づく日本再軍備反対論」を小冊子にまとめ各方面に配りました。内容をピックアップすると「数千里に亙る日本列島、細長いだけに地障も多く兵力移動は困難で上陸防御は絶対に成立しないというも兵学上決して過言ではない」「戦争末期、一兵の上陸を見ずに空襲だけで、あの混乱を起こした。勝ち目のない戦争を続けて居れば一般国民も巻き添えを喰い惨禍目を覆うものがあるであろう。最初より戦わざるにしくはない」「真に敵の侵攻を防ごうとするならば〝攻撃は最良の防御なり〟の鉄則に従い来攻に先立ち、その本拠を覆滅するに足る武力を持たねばならぬ。それは現実的に不可能なことは説明の要は無かろう」「現憲法が占領中押し付けられたものだから破棄若しくは改編せよと言う論者に一言したい。現憲法は誰が作ろうと如何なる環境下に作られようと平和の理想を謳われて居る事には変わりがない」「むしろ日本国自身が作ったのでは或いは現実に即さぬものと一笑に付されるかもしれないが、戦勝国殊に米国の要求若しくは示唆によってできたところに国際法的性格と力とがあるのではなかろうか」「再軍備をするのを愛国心と思うような陳腐な考えから脱脚し、軍備を捨てて文化の香り高い一等国を築き上げることがより強い愛国心である」

地元の平和運動の巨人、遠藤三郎元陸軍中将のお考えは、本書の主張とも瓜二つです。私は、近隣に自衛隊関係者が多く住む地元から自衛隊廃止を訴えることに懸念とためらいを感じたこともあったのですが、1940年に完成した豊岡陸軍飛行場（現航空自衛隊入間基地）にできて間もない陸軍航空士官学校（外国の航空士官学校に相当）校長だった遠藤さん自身が軍備全廃を訴え続けた史実を知り、自衛隊廃止・非武装中立を目指す運動への躊躇を捨てました。

自衛権行使イコール自衛隊による自衛戦争、ではない

まず確認しておきたいのですが、独立国は自衛権、つまり独立を守る権利が認められています。そして通説では自衛権とは、不当な侵攻を受けた独立国が武力で反撃する権利と言われています。

しかし、だからと言って独立国は自衛戦争のための軍隊や戦力を持っていなければならない、ということではありません。

筆者は学生時代、「憲法」を新進気鋭の芦部信喜教授（当時）から学びました。教科書は宮沢俊義著『日本國憲法』（日本評論社、1963年）でしたが、今講義ノートを読み返しても、芦部教授の非戦・非武装のお考えが鮮やかに蘇ります。

第9条で日本は、戦争の放棄と軍隊（軍備）の不保持宣言をしていますから、もしその通りに憲法を体現していたら、どうあろうと戦争をすることは、憲法上はもちろん、物理的にも軍備が無いので出来ません。従って外国は交戦権（戦争する権利、あるいは戦争をしている国が持つ権利）の無い日本に宣戦を布告できないのです。つまり日本は戦争を公式に仕掛けられる心配はないということです。

しかし日本に対して、あるいは日本に巨大基地を持つアメリカに対して恨みや反感を持つ国などが、日本国憲法の条文を知らずに、あるいは最初から不法を承知の上で組織的侵攻を企てることはあり得ます。そもそも何らかの動機により日本の領土に不法な侵攻を企てようとする側は、日本の憲法などお構いなく侵攻してくるかもしれません。

しかしこれだけ情報が瞬時に世界を駆け巡る時代ですから、仮にそんなことがあれば世界中の良識ある国々は非武装の日本に戦争を仕掛ける国、組織集団を一斉に非難するでしょう。1990年8月のイラクのクウェート侵攻も、結局は湾岸戦争（1991年1月～2月）という武力的解決で終わりましたが、世界の非難がイラクに向かい国連が多国籍軍を組織した先例です。

すでに述べたように、日米安保条約は日本からの一方的な事前通告だけで一年後に破棄されます。

そうすれば沖縄はもちろん日本本土の米軍基地もすべて無くなるので、少なくともアメリカに恨みを持つ国からのトバッチリで日本が攻撃される心配はなくなります。とは言え、それでもどこかの国やテロ集団が組織的・計画的に日本のどこかに侵攻してくることがあった場合、国民はどのように対処すれば良いのでしょうか。それには俗な言い方をすれば、①避ける②逃げる③訴える、の三つです。

つまり、まずは被害に遭いそうになったら武力を一切使用しないでひたすらよけて、逃げて被害を小さくすること、多少の被害を受けても反撃しないで近くの警察もしくは近くに駐屯している「災害救助即応隊」に通報して助けを求めます。緊急連絡の電話番号などは警察も災害救助即応隊も共通（例えば110番）としておけば良いでしょう。

アメリカの緊急連絡番号は強盗（警察）も火事（消防）も共に911番です。

正当防衛以上の反撃をしないことで被害拡大を防ぐ

被害者は正当防衛の範囲で抵抗し、警察官や「災害救助即応隊」隊員が駆け付けるまでは被害を最小に防ぐことに努めます。通報を受けた警察ないし「災害救助即応隊」は、被災者からの通報の内容を確認して侵攻の程度・規模を瞬時に判断し、侵攻の規模が通常の警察の対処能力（含む機動隊）を超えると判断すれば、すぐに防平省の国家安全保障局に連絡します。防平省は即刻現場近くに駐屯している「災害救助即応隊」隊員を侵攻の規模や緊急度に応じて、場合によっては数千名から数万名規模の隊員を召集して被災現場に急行させ、軽武装による自衛、外敵の排除活動を行わせます。

同時に政府・防平省は、外交ルートを使って不当な侵攻を世界の平和に対する挑戦として国際問題化し、国連の安保理、国際司法裁判所などに侵攻の不当性を訴えるのです。インターネット時代の今、「不法な侵攻」のニュースは一瞬にして世界を駆け巡り、侵攻国を非難する国際世論が一挙に巻き起こることでしょう。

全く何の前触れも理由もなくいきなり国家やテロ集団が日本の領土領海に空爆などを仕掛けてきたら、これはもう日本にとっては大地震・大津波などの自然災害と同様、未然に防ぐことはできません。こんな不測の事態に普段から備えておくには、原爆用シェルターを各家庭に常備して普段から退避訓練をしておくくらいしか手がありません。

このような想定外の攻撃に反射的な反撃を行えば、日本の被害は一層大きくなるばかりです。不意の攻撃に対しては、非暴力、正当防衛（抵抗）以上の反撃をしないことで被害の拡大を防ぐのが、「災害救助即応隊（ジャイロ）」構想で一番重要なポイントです。

２００１年９月11日の同時多発テロの市民の犠牲者は３０００人未満でしたが、アメリカのイラク・アフガニスタンに対する反撃による犠牲者はその数百倍にも及んでいます。米兵だけでも４０００人以上、イラク市民の10万人以上が亡くなりました。

3　非武装という崇高な理

他国によるどんな不当な計画的・組織的武力攻撃にも、日本は国連に救済措置を求めて提訴することになるでしょう。非武装の日本が攻撃を受ければ、攻撃を仕掛けた国は明らかに侵略国とされ国連の制裁を受けることになります。未だに設立当初に構想されていた国連警察軍は組織されていませんが、国連安保理による決議、例えば侵略国に対する経済的制裁措置など、拘束力を持った決議の採択を求めることはできます。

日本が侵攻されたとして、国連安保理が日本だけを特別扱いして保護することはないかもしれません。しかし日本が日頃「災害救助即応隊（ジャイロ）」による国際的な人道支援活動の輪を世界に広げていることは、必ずやこのような場面で生きてくると思います。ジャイロの活動が世界中の国から評価され感謝されている限り、日本がテロなどの標的になる可能性は限りなくゼロになり、日本が国連で有利な扱いを受けられることにつながるのです。外国から恨みを買うようなことをしない、つまり敵を作らないこと、さらには分け隔てなくすべての国に人道支援を行い諸外国に恩義を感じさせることこそが、日本を不当に侵攻させない最も確実な安全保障策なのです。

「丸腰の国防」は国際的常識ではありませんし、世界を見渡せば戦闘行為ばかりが目に入ります。そうであればこそ、私たち日本はこの一見非常識とも思える崇高な理である非武装平和を、世界の主要国にさきがけて宣言するべきではないでしょうか。

国連では日本はいまだに〝敵国〟

日本は1956年12月以来国連の加盟国であり何度も非常任理事国にも選出されていますが、核問題、安全保障問題に関する議題になると、ほとんど核兵器保有の軍事超大国アメリカとほぼ同じ投票行動をとります。2017年の国連総会で決議された核兵器禁止条約にさえ、アメリカと一緒に反対しています。とても地球上で唯一の被爆国とは思えない恥ずべき投票行動です。「アメリカの核の傘に守られているから」などは、被爆国の言うべき言葉ではありません。

しかも国連憲章上、日本が今でも連合国の敵国として扱われている事実（敵国関連条項53条、77条、107条）はあまり知られていません。1995年12月11日の国連総会で関連条文削除の決議が採択（賛成155カ国。棄権は北朝鮮、リビア、キューバの3カ国）されましたが、いまだ賛成国の批准が進まず、日本は〝敵国〟として放置されたままです。

「国連憲章第51条で加盟国は個別自衛権と共に集団的自衛権も認められている」と改憲派は改憲の正当性の根拠としています。2014年7月1日の閣議決定で安倍政権（当時）は、集団的自衛権行使を容認する決定をする際にこの条文を引き合いに出しもしましたが、この条項は、当時の日本やドイツなど旧敵国が旧連合国に対して再び戦争を仕掛けてくる場合に備えた条文です。

敵国条項は日本にとって特に実害が無いことは確かですが、国連の安保理事会を万一の際の駆け込み寺（ラスト・レゾート）とするのですから、日本は即刻自衛隊を廃止して敵国条項からの削除を世界に働きかけるべきです。

第6章　護憲派と改憲派、そして無関心層へのアプローチ

1　無関心ではいられないはずの憲法第9条の実現

戦争は国民の生命・財産や自由・環境など、基本的人権を奪う最悪の人災です。誰しも望まない死や殺人、破壊と直結する戦争は絶対に避けたいと思っていることでしょう。それでいて「戦争反対」を口にすると、「戦争をなくしてもそれでみんなが幸せになるわけではない」とか「戦争反対を叫ぶより、もっと差し迫った今日明日の生活の方が重要だ」などと言う人もいます。

しかし、人と人が殺し殺される戦争の不安を抱えたまま、幸せな生活の追求は始まりません。戦争の心配の無い安心な世界に暮らしてこそ、人々は自分や家族、社会のために何をするべきか、自己実現のために何をしたいかについて考える余裕が生まれるので

す。9条を守り実現することはすべての大前提、「命あっての物種」「死んで花実が咲くものか」です。

いったん戦争になれば、国家予算の70～90％が戦争を遂行するために使われ、私たちの生活向上には回ってきません。ましてや兵員不足となり徴兵制が敷かれでもしたら、この男女平等社会のこんにち、若い女性もきっと軍隊に駆り出されます。

実際、女性の海上自衛官の潜水艦乗り込みは既成事実となっています。最前線の戦場には寝室はもちろん、風呂、トイレ、キッチンなどプライバシーを守る設備は何もありません。戦争など自分とは無縁とお考えの皆さんに是非とも思いを巡らせて欲しい戦場の現実です。

もっとも戦争の不安は解消できたとしても、「戦争さえなければすべてがうまく行く、すべて良し」ではもちろんありません。私たちの前には年金、介護、医療などの社会福祉、非正規労働、税制、東京一極集中の弊害など問題は山積みです。

しかしまずは、憲法第9条の理念を完全に履行し、戦争の心配の全くない日本にすることが、他の諸問題解決に立ち向かう大前提です。戦争の根絶という人類史上最大かつ未解決の問題さえ克服できれば、残りの諸問題の解決は人類の英知を集めることではるかに容易です。

アメリカで始まった行き過ぎた資本主義、グローバリズム、新自由主義、弱肉強食経済が、すでに日本にも浸透しています。経済は欲望むき出しの制御不能状態になりかかっていて、貧富の格差はとめどなく拡大しています。今こそ、民主主義と基本的人権を守りつつ安定した経済生活を営む施策に、真剣に取り組む必要があります。

いつからか日本人の多くは、経済成長ばかりを目指す政治家や経営者の言動を真に受け、彼らの不正や嘘に馴れっこになってしまったようです。そして、政治家・官僚の不正や、大企業・富裕層を過度に優遇する不公正税制などに対して怒りをぶつけなくなってしまいました。この背景には、中曽根内閣の国鉄民営化（国労・動労の解体）や、小泉内閣による郵政民営化（全逓労組解体）などが大きく影響しているかもしれません。

本当に日本国民が平和の尊さと幸せを実感するためには、

(1)より多くの有権者の政治参加、投票率向上による権力監視体制の強化
(2)働く者の権利を守る労働組合の活性化
(3)資本家の暴走にブレーキをかける独占禁止法の罰則の強化
(4)政府・行政機関の不合理な予算執行をチェックする会計検査院の監督権限強化と権限

の適切な行使

など、実行しなければならない課題はたくさんあります。

私たちが目指す日本は、誰もが暮らしやすく国民が豊かさを実感できる国です。そのための経済政策は、貧富の格差をなくし環境問題も同時に解決する「経済成長を目指さない」政府です。若者が地球環境に目を向けることはもちろん重要です。しかし真の環境破壊の元凶は、経済成長至上主義による地球資源の過度の採取と利用であり、最大の環境破壊は戦争です。若者に真っ先に反対し否定して欲しいものは、戦争と野放図の経済成長至上主義です。

経済成長至上主義、「経済成長なくして分配なし」は自民党政府の誤ったスローガンであることを理解することが、まず必要です。真実は「財貨は奪い合えば足りず、分かち合えば余る」です。

所得再分配は、所得税の累進税率強化、法人税の各種優遇措置や消費税の見直しなどで十分可能です。これだけ豊かな日本に、これ以上の経済成長は不要です。

こうした課題にしっかりと向き合っていく大前提が、憲法9条の理念の実現を図って平和な社会を築くことです。そのためには、175ページに述べたように工夫努力して政治的無関心層をなんとか投票に向かわせ、横暴な自公政治に終止符を打つことが不可欠です。

2　護憲派のための改憲派・武装強化論者への反論方法

平和で豊かな生活を願いながら、「世の中から戦争を無くせるはずがない」「政治は自分とは直接何の関係もない」「自分の投票したい候補への投票は死票になる」とあきらめて政治的無関心に陥る若者など、政治に希望を持てない国民が少なからずいるようです。そしてこの無関心層や絶望層の存在こそが国政選挙で低投票率をもたらし、保守政党優位と非暴力による平和を愛する政党が苦戦する最大の原因であると考えます。

私は、「戦争根絶の確かな道、実現可能な道が少なくとも日本には確実にある」ことを伝え、そのために「私たちの大切な一票は必ず大きな力として役に立つ」と理解を深めてもらうことが今もっとも必要、と訴えながら活動しています。残念ながらいまだに選挙結果には裏切られ続けていますが、それでも私は全く悲観も絶望もしていません。政治無関心層やあきらめている人々の政治参加が進めば、必ず世の中の流れは私たちの幸福と平和の実現に向かって変わると信じているからです。

そのために、以下に列挙する事柄を、みなさんが日頃運動を行う際、ぜひ心に留めておいていただきたいと願っています。反戦・平和運動をしようとすると、これを否定したり、水を差すような言動を加える人々が必ずいます。そういう言動に出食わしたら、本項を参考にしてご自分なりの応酬話法を編み出して反論し、決して心をくじかれないようにして欲しいと願います。

（1）非武装平和論に科学的根拠は不要

戦争根絶の唯一確かな道は、「地球上の全ての軍隊と武器を廃止し、廃止した結果についていつでも外部機関に確認の検査を許し、再び軍備を復活出来ない形で廃止する」ことです。英語で言うComplete（完全な）、Verifiable（検証可能な）そしてIrreversible（不可逆的な）軍備全廃（ＣＶＩＤ：この場合のＤはDenuclearization（核抜き）ならぬDisarmament（非武装））です。

それが出来れば苦労はない、という声がすぐに聞こえてきそうですが、実は道はそれしかないのです。これを不可能と決めつけたら、もう世界の恒久平和は永久にあきらめ、戦争の勃発は避けられないと諦めるしかありません。それほど軍隊や兵器の存在は戦争の火種、それも発火寸前の火種なのです。

この提案は、ドイツの哲学者カントの「永遠の平和のために」にもある常備軍の全廃を発展させたものです。

恒久的に戦争を根絶する確実な方法は、「全世界の軍備の完全廃棄を決意し実行する。そして同時にあらゆる再軍備の動きを絶対に許さない監視・検証作業を戦争の記憶が全人類からなくなるまで未来永劫継続する」。これです。

いままで多くの非武装論者は、「非武装・非暴力による安全保障の正しさを人々に納得してもらうにはそれなりに理論武装が必要だが、それが実にむずかしい」と軍備絶対必要論者に反論できず、歯痒い思いをされてきたのではないでしょうか。少なくとも私はそうでした。しかし課題は、「非武装に伴う何となく不安といった人々の感情」に安心感を与えることであって、理論的・科学的な解決策を提供することではないと、今では割り切っています。だいいち「武装を強固にすれば平和は保たれる」とか「国民の生命と財産の安全は武力で保障される」等の言い分に何ら理論的根拠などないばかりか、歴史的事実はその反対の事例ばかりです。

私たちはこの、不安に感じる感情と現実に起こりうる危険の違いについて、考えてみるべきではないかと思います。私たちは飛行機墜落事故と自動車の衝突・追突事故を比較して、飛行機墜落事故のほうにより強い恐怖を感じませんか。テロと空き巣・強盗の場合も同様です。テロの脅威をよほど恐怖に感じたりしていませんか。

しかし現実的に「危険の大きさ」を判断するには、被害の重大性（致死率100％など）よりも、危険が発生する可能性・確率の高さのほうが重要と言われています。無いに等しい外敵を排除するためと言って、過大な重火器・重装備持つ必要など全くありません。

（2）「反戦・平和運動をしている人たちは〝アカ〟だ」と言われたら

こんな決めつけをする人が世間には大勢いるようです。「戦争は資本主義と不可分の社会現象」とか「反戦運動は社会を階級闘争の場と考える左翼の人たちだけの運動」とか、あたかも冷静に分析したように主張する人もいます。私はそんな声を聞くたびに、「決してそうではない」と心の中で叫びます。

私は、イズム（～主義）と反戦・平和の願望は直接の関係はなく、運動の出発点は

「基本的人権」をどこまでも重要視する立場にあると信じます。当たり前に個人の幸福を願っている人の誰がいったい、〝殺し殺される〟戦争を望んでいるでしょう。

利益追求を究極の目的とする資本主義社会は軍需産業と親和性が高く、「戦争はビジネスチャンス」と歓迎する資本家が存在することは、ある程度事実かもしれません。しかし、世界の軍事大国の指導者の顔ぶれをみれば、中国もロシアもアメリカも多かれ少なかれ同じ穴のムジナであり、イデオロギーによる色分けは必ずしも当たらないと思います。

(3)「戦争は避けられない必要悪」「武器の廃止は物理的に不可能」と言われたら

このような言説はいくらもありますが、そんな説に同調する必要はありません。

たとえば戦争を〝必要悪〟とする論拠として、「戦争・軍隊こそが科学的技術進歩の源であり、戦争の無い社会が実現すると技術進歩が止まる」などと言う人がいますが、とんでもありません。

世界から一時的に戦争がなくなっても、軍需産業再興の芽を摘み取る不断の監視活動は絶え間ない監視技術の開発を必要とし、かつ、この監視技術の悪用を防止する技術開発とも合わせて、最先端技術開発の必要性がなくなることはありません。

また、包丁を例にとり「なんでも武器になる」式の議論や「武器の密造は取り締まれない」式の議論は、まともな再軍備必要論ではないので聞き流しましょう。

(4)「自分の身の安全は自分の武器で守れ」「自国の独立も自国の軍隊で守れ」と言われたら

銃の保有を権利とするアメリカでは、銃の乱射事件が後を絶ちません。つい最近(2023年3月27日)も、米南部テネシー州ナッシュビルの小学校で児童3人と教職員3人の6人が殺害される銃乱射事件がありました。犯人は28歳の女性です。今年に入り、加害者を除く4人以上が死亡した銃撃事件は13件目となり、過去5年で最悪のペースになったとのことです。全米ライフル協会やトランプ前大統領まで「悪いのは銃ではなくそれを使う人間だ」などと言っていますが、彼らは人間の本性をわきまえていません。人間は普段は理性的ですが簡単に極悪人にもなり、他人の痛みなど永久にわからない(実際わかるのは不可能です)身勝手な感情動物です。

始末が悪いのは、過去に自分が味わった痛みさえすぐ忘れることです。そもそも手近に武器、すなわち通常の正当防衛に必要な限度をはるかに超える〝飛び道具〟があることが、諸悪の根源なのです。

(5)「理想と現実は違う」と言われたら

我々の運動を批判する改憲派や、丸腰非武装中立に対して自信の持てない護憲リベラルの人たちさえ使う言葉、常套句です。そんな時に私が引用するのは、恩師丸山真男教授の著作の中の「現実」の分析です。要約してまとめてみましたので、皆さんもそう言われた時にはこれを思い出して反論してください。

(i)現実の所与性（現実は自分達では動かすことができない既成事実）

現実とは本来一面において与えられたものであると同時に他面で日々作られていくものである。だから我々が現実的であれと言うことは、既成事実に屈服せよと言うのと同じだ。現実がこの所与性と過去性においてだけとらえられるときそれは容易に諦観に転化する。現実はいつも、「仕方のない」過去になってしまう。軍国主義ファシズムに対する抵抗力を内側から崩して行ったのもまさにこうした「現実感」ではなかったか。

(ii)現実の一次元性（現実の一つの側面だけが強調される）

現実とは多元的、さまざまな矛盾した動向により立体的に構成されている。だが「現実的地盤に立て」「現実を直視せよ」と言う時の現実はこの多面性を無視している。戦前の自由主義や民主主義を唱え英米との強調を説き労働組合の産業報国化に反対し反戦運動を起こす、等などの動向は一様に「非現実的」の烙印を押され反国家的と断ぜられてしまった。ファッショ化に沿う方向だけが「現実的」とみられ、それに逆らう方向は非現実的と考えられた。世界の到るところで反戦平和の運動がますます高まっていることも否定できない「現実」である。人々は既に現実のうちのある面を望ましいと考え、他の面を望ましくないと考える価値判断に立って「現実」の一面を選択しているのだ。再軍備是非論（著者注：非武装か軍事力強化かも同じ）の争いも決して現実論と非現実論の争いではなく実はそうした選択を巡る争いに他ならない。

(iii)現実の支配権力による決定性（時の政権が選択する方向が「現実的」とされる）

これに反対する側が選択する方向は容易に「観念的」「非現実的」と言うレッテ

ルを貼られがちだ。日本人の間に根強く巣食っている「事大主義」「権威主義」が遺憾なく露呈されているのだ。古来長いものには巻かれてきた日本の場合は、支配層的な現実イコール現実一般と見做されやすい素地が多いと言える。

(iv)結論　理想の実現（私見も含めて）

我々市民が自律性・主体性を強く持ち、強いものや風潮に迎合せず権力に対して強力な統制力を持てば「理想を現実にする」ことはたやすい。

『増補版　現代政治の思想と行動』（未来社）より「「現実的」の構造の3つの特徴」（172〜175ページ）の要約

3　現在起きている世界各地の紛争を非武装で解決できるか

テレビなどの報道を見て心配している人たちには、政府・マスコミによって流されている情報は、①政府の意向を含んでおり国民をある方向に誘導しようと一方的なことも多い、②何が正しいかは、できるだけ多くの情報を知ったうえで自分の頭で判断すれば心配が杞憂に過ぎないことも多い、などをキチンと伝えてください。以下にその実例を示します。

(1) ロシアのウクライナ侵攻

ロシアのウクライナ侵攻が始まって1年以上経ちました。戦線は膠着し停戦の気配はまるでないかのようです。ウクライナが反撃能力でロシアに反撃した結果どうなっているか。ウクライナの独立・主権を守ると言ってロシアの10分の1とはいえ米軍の軍事顧問の指導を受けている軍隊を持って反撃すると、どれだけ国民の命や財産を失うことになるか。日本が学ぶべき反面教師と思います。

中国が停戦の仲介に名乗りを上げたようですが、やはりロシアと親しい国であり公平な仲介役の立場に立てるかは疑問です。日本が仮に非武装中立を実現済みの国であったなら、今こそ対立するNATO、その中心国アメリカとウクライナ・ロシアの間に割って入り、停戦・和平の道を切り開くリーダーシップがとれました。残念ながら日本はアメリカの属国状態であり、日本独自の外交ができる政治家は、与野党見渡しても見当たりません。

中立にはスイスのような重武装中立とコスタリカのような非武装中立があります。日本が学ぶべきは、軍事力を捨て世界のいかなる紛争も話し合いで解決すべきと大統領自らリーダーシップをとってきた非武装中立国、コスタリカです。

岸田首相はバイデン大統領に続けとばかりウクライナを訪問し、新たにウクライナに巨額の戦争継続資金支援を約束しましたが、これではますます停戦が遅れ、ウクライナの市民やロシアの若者が死んでいくばかりです。

2022年12月に閣議決定で改訂された3文書の一つ国家防衛戦略で書かれている日本の防衛力抜本強化の必要を裏付ける実例として、ロシアのウクライナ侵攻が使われています。防衛省のウクライナ戦争勃発の原因分析を読むと、日本の政府・防衛省は自衛隊強化に都合よい分析結果をしています。「ウクライナのロシアに対する防衛力が十分ではなく、ロシアによる侵略を思いとどまらせ、抑止できなかった、つまり十分な能力を保有していなかったことにある」と軍事万能、外交力を認めない分析なのです。

実際にはロシアのクライナ侵攻の原因は、それだけではありません。プーチン大統領が侵攻の前にウクライナに求めたNATO加盟断念と武装解除が実現していたら、ロシアが攻め込む口実はなかったでしょう。

ウクライナは2014年、アメリカが背後で操ったともいわれるマイダン革命で親ロシア派大統領が追放された後、ロシアによるクリミア併合、東部ウクライナドンバス地方の戦闘状態を停止するためにミンスク条約を隣国ベラルーシで結びました。しかしウクライナは東部ドンバス地域での停戦協定を守らず、東部ウクライナの血みどろの内戦は8年間ずっと続きました。

アメリカはウクライナに軍事顧問団を送り、民間傭兵部隊ブラックウォーターも派遣、西部ウクライナのアゾフ民族主義過激部隊などの蛮行を黙認した結果、ウクライナ東部ドンバス地方のロシア系住民など1万４０００人が殺害されたともいわれています。

共産主義国に対決するための軍事同盟ＮＡＴＯはソ連崩壊後も存続するばかりか、新たにフィンランドなど15か国の加盟を承認し、加盟国は31か国と当初より倍増していま す。ロシア近隣のＮＡＴＯ加盟国にはモスクワを狙えるミサイル基地が作られ、ロシアに重大な脅威を与えているともいわれています。

ゼレンスキー大統領は大統領選でウクライナ東部紛争地域の停戦を公約し、彼らの支持もあって当選しながら、公約を破り住民の期待を裏切りました。

これらが重なってのロシア侵攻であり、単純にウクライナの軍備不足が原因などと決めつけるのは的外れとしか言えません。ウクライナが非武装中立であれば、このような戦争には絶対になりませんでした。

(2) 中国の台湾武力統一による有事

台湾は1987年の戒厳令解除後、民主的選挙で本省人(戦後大陸から逃れてきた外省人に対して、もともと台湾生まれの台湾人)の国民党李登輝総統(日本名岩里政男、京都帝大中退)が誕生して民主化政策が進み、2003年民進党(本省人)が政権を握りました。台湾の民主主義の歴史は30年余りと日本に比べ短いですが、選挙への関心と投票率の高さは民主主義先行の日本を遥かにしのいでいます。

台湾の実業家と大陸の経済交流は大変深まっていて、40万人の台湾人が大陸で働いているようです。中国にとって最大の輸入先国は台湾で、その中心は半導体です。金融と観光が資源の香港と違い、台湾は製造業とりわけ半導体関係のメーカーの世界的集積地です。中国にとって経済的依存度がこれほど高い台湾を、武力で破壊するようなことをするはずがありません。

それでも習近平が台湾の独立派の動きに敏感なのは、国共内戦の歴史を考えれば理解できないことはありません。台湾独立は国連始め国際社会も認めている「一つの中国政策」に真っ向から逆行・反対する動きです。「武力を使ってでも統一実現」の言葉は、そんな独立志向派およびその支援国の動きに対する牽制に過ぎません。平穏に台湾と大陸の一つの中国が実現できれば、武力を使う意図など全くありません。

中国による台湾武力統一の動きを先回りして米軍と海上自衛隊が「航行の自由作戦」などと中国近海で牽制・威嚇の動きしていますが、中国は内政干渉されれば必ず何らかの措置をとるので、全く抑止力にはなりません。

もし、台湾有事に際して米軍が出動することになれば、自民党が進めてきた日米安保条約、安全保障関連法、敵基地攻撃能力保有の3点セットがそろっているので、自衛隊は同盟国として出動させられます。米軍を支援し中国を攻撃する日本は、中国から個別的自衛権の行使として、南西諸島ほか日本全土の米軍・自衛隊基地を攻撃されることになります。そして日中大戦争が始まります。

日中戦争を避けたければ、岸田首相と自民党が公明党や改憲勢力を巻き込んで進めてきた抑止力強化（実は戦争準備）の3点セット政策をストップさせるしかありません。

それには政権交代しかないというなら、「日米安保条約を廃棄せよ」の大合唱により世論を沸騰させ、次の総選挙で岸田自公政権を倒すしかありません。

（3）北朝鮮のミサイル

かつて安倍元首相が2017年8月に北朝鮮からのミサイル発射に際し、「国難突破」として解散総選挙を行いました。おかしな話です。北朝鮮のミサイルはすべてアメリカに向けられており、日本を標的に向かってくるはずはありません。これまで北朝鮮政府の誰からも、日本が攻撃目標であるとの声明を聞いたこともありません。米韓合同軍事演習などに対する非難声明は出ますが、一方的に北朝鮮を敵視しているのはもっぱら日本政府です。

日本政府は、拉致問題をいつまでも解決せず北朝鮮悪魔のイメージを国民に刷り込むのに躍起です。北朝鮮からすれば戦前、徴用工などで拉致を繰り返したのは日本です。いくら武器を持っていても、攻撃の意志が無い国を警戒するのはおかしい話です。

ちなみに北朝鮮と日本は国交がありませんが、世界的に見れば国交のない国は極めて少数派です。北朝鮮は韓国と同時に1991年国連にも加盟しました。北朝鮮と国交のない国は日本を含めて36か国のみ、東アジアで国交のないのは日本、韓国と台湾だけです。全世界の80％以上の164か国は北朝鮮と国交を持っています。国交のない大国はアメリカとフランスくらいでしょう。北朝鮮の首都平壌に大使館を置いている国は24か国、自国に北朝鮮大使館を置いている国は47か国もあって、東、東南アジアで大使館を置いていないのは、日韓台湾の他にはフィリピンとブルネイだけです。イギリスとドイツなどは相互に大使館を置いています。

（4）尖閣諸島の緊張

民主党政権末期に日本が国有化した尖閣諸島ですが、この島の帰属をめぐっては中国と日本で見解が相反しています。真相を知るには、ぜひ『尖閣列島』（井上清著、第三書館）を読むことをすすめます。釣魚諸島（尖閣諸島）の史的解明の副題を持つ本書には、明治時代の山県有朋内務卿、井上馨外務卿、外務大臣陸奥宗光、等日清戦争前後の当事者の見解、閣議決定書、外交文書などから、日本が日清戦争での勝利が見えてきた頃合いを見計らって窃(ひそ)かに釣魚諸島を盗み公然と台湾を奪ったと結論しています。

いろいろな見解がある中で私は、領有権は日中国交回復時に決めた棚上げ論を踏襲し、いずれ日中両国の共有地として共同開発していくべきと思います。ちなみに中国の海警がたびたび領海を侵犯し日本の漁民の安全操業を妨げているかの報道がありますが、沖縄の地元有力新聞によると、たびたび姿を見せる日本の漁船は石垣島の右翼市議やチャンネル桜がチャーターした漁船などで、日本の海保と中国の海警が協力して排除しているのが実情のようです。ちなみに領海は領土や領空と違って無害通行権が認められており、あらゆる船舶の通行は原則自由であることも知っておきたいことです。

(5) 中国の覇権主義

中国の最近の急激な軍事予算の膨張をみて、自公政府は国家全保障戦略で「中国の軍事動向はわが国と国際社会の深刻な懸念事項で、これまでにない最大の戦略的挑戦」などと記述しています。しかし彼らから侵略されたこともない日本が彼らを脅威と見るのは、単なる被害の誇大妄想にしか思えません。アメリカと軍事同盟を結び日米軍事一体化のもとで世界一の軍事力を誇示している日本のほうが、よほど脅威と彼らの眼に映るのではないかとの視点も忘れてはならないと思います。

よくマスコミが、南沙諸島における中国の埋め立てや基地建設工事の動きを覇権主義的と書き立てます。南沙諸島（Spratly Islands）は戦前、新南群島として植民地台湾と共に日本が領有し高雄市に属していました。サンフランシスコ平和条約で日本は新南群島と西沙群島に対する請求権を放棄し、中華民国（台湾）が領有権を主張していますが、日本の敗戦により、空白地帯となっていたというのが実状です。

南沙諸島には岩礁や浅瀬も含めて50の島がありますが、そのうち実効支配している国の内訳はベトナムが29、マレーシアが5、フィリピンが8、中国が7、台湾が1で、最大の太平島は台湾高雄市の実効支配下にあります。ここに中国（大陸）が台湾の後継権利を後から主張し、領有権問題に割り込んできました。絶大な経済力で派手に埋め立てて飛行場を急ピッチで建設をしたので、目立ったことは確かです。しかし実はベトナムが3分の2の島を占有しています。そのうち南威（チュオンサ）には南沙諸島指揮部が置かれて軍が駐留しており、島には空港やホテルもあります。

東アジア大陸から太平洋に出る出口は全て米海軍と海上自衛隊にふさがれています。中国や朝鮮半島の人々は過去150年の間にたびたび日本から侵略された歴史的事実があるのですから、日米の軍事力を自国に対する脅威とみて備えようとするのは無理もないことです。アジア近隣諸国の人々が、最近日本の国会がウクライナ戦争に便乗してさらなる軍備拡張をはかろうとする動きを見て恐れ警戒するのは、日本から侵略をされた歴史的な裏付けがあるからです。

中国は今や世界一の貿易大国（輸出1位、輸入2位、原油の輸入は世界1世界の

20%）ですから、戦争が始まれば南シナ海経由の燃料、原材料輸入が止まります。たちまち生産不能に陥り経済混乱を生じる戦争を、中国が始めるわけがありません。

4　チャールズ・オーバビー博士の献身的平和活動

私は2004年1月の自衛隊イラク派兵反対集会（日比谷公会堂）と集会に続くデモに参加しました。これが私にとって市民運動に参加するようになったキッカケです。デモ行進中にたまたま居合わせた参加者の一人から、日本の憲法第9条をアメリカの憲法に書き加える運動を単独でしていたチャールズ・オーバビー博士（オハイオ大学工学部名誉教授）の存在を知りました。

彼の影響で日本の各地に「第9条の会（英文名A9S, Article9 Society）」ができたのは1992年のことでした。9人の著名人の呼びかけによる全国組織「九条の会（英文名A9A, Article9 Association）」が日本につくられた2004年6月より12年前のことです。「9条にノーベル賞を」の運動も、オーバビー博士が「日本国憲法第9条」そのものを受賞させようと画策したのが始まりです。しかし受賞対象は「個人ないし団体」でなればならないと分かりました。そこで２００２、２００３年の両年、「第９条の会・日本事務局」を愛知県春日井市で立ち上げ、全国に「第９条の会」を広めた勝守寛博士を推薦したのが、今に繋がる運動の始まりです。オーバビー博士は、米国および日本国政府によって踏みにじられようとする憲法９条を救おうとの活動を精力的に進めた日本人として、理論物理学者の勝守博士（中部大学名誉教授）を推薦したのです。

私は２００８年から２０１７年９月にオーバビー博士が91歳で亡くなるまで、毎年オハイオ州にあるお宅をお訪ねし、ずっと親交を深めてきました。

チャールズ・オーバビー博士の生い立ちと活動

オーバビー博士はノルウェー移民としてアメリカに渡った両親のもと、６人姉妹兄弟の４番目として１９２６年３月18日モンタナ州カスケードで生まれ育ちました。

飛行機に対する強い憧れから、第二次世界大戦中17歳でアメリカ空軍のパイロットに志願。朝鮮戦争（１９５０〜１９５３）ではB-29戦闘パイロットとして従軍します。

朝鮮戦争における任務では北朝鮮に大量の爆弾を投下、北朝鮮人民数百万人を殺戮し国土を破壊しました。この戦場体験が後年、非暴力で戦争をなくす運動をライフワークとするきっかけになったといいます。

退役後、第二次世界大戦の恩給でミネソタ大学を卒業、後に朝鮮戦争の恩給でウィスコンシン大学で修士号を、そしてソ連のスプートニク開発の脅威で拡充されたアメリカの自然科学基金助成で博士号を取得しました。

その後1957年から63年にかけてウィスコンシン大学で教鞭をとり、オハイオ・ステート大学（1965～67年）を経てオハイオ大学に移り、1992年までシステム工学の教授を務めます。学生には技術革新が環境や資源保護に与える影響について講義し、「Green Technology by design」の必要性を説きました。

この間、1977～78年、連邦政府の要請で資源保護と環境問題について研究する技術検討チームに参画。今のペースで資源の収奪・浪費が続けば、400年以内に水資源を含め地球のすべての資源は現在の半分に減少することを大胆に予測しました。

1980年、環境にやさしい技術開発の功績により、全米で初のWashington Internships for engineering studentプログラムで工学部の学生との共同生活を通じて授業を行う教授に就任。

1930年、オーバビーさん4歳（後列左）

朝鮮戦争時、空軍パイロットのオーバビーさん、前列左から２人目

1982年には、オハイオ州南東部選挙区から民主党下院議員代表決定選挙に立候補しますが、惜敗します。

オーバービー博士と日本とのかかわりは、1981年に遡ります。この年、春学期3か月間、オハイオ大学と提携中の中部大学の交換プログラムで、客員教授として来日。広島・長崎の惨状を知ると共に、日本国憲法の素晴らしさに触れます。

1991年の湾岸戦争に際しては、終結後の同年3月18日にArticle9 Society USA（A9S）を、ご自宅のあるオハイオ州南部の大学都市アセンスで立ち上げ。これがきっかけで翌92年、中部大学物理学教授の勝守寛氏（オハイオ大学に交換教授として在米）らと共に名古屋でA9Sの支部が設立され、北海道から沖縄までA9Sの組織が全国に広がります。

その後はたびたび来日して全国で講演活動を行い、NHKや朝日新聞により報道されます。1997年には著書『対訳　地球憲法第9条』（國弘正雄訳、講談社インターナショナル）を刊行。1999年にはオランダ・ハーグでの世界平和会議に参加し、「日本国憲法第9条こそ世界の憲法に採用すべき」とアンクル・サム（アメリカ合衆国政府を擬人化したキャラクター）の服装をまとって会場内で宣伝活動を行います。

２００３年10月から11月の日本全国講演旅行の後、世界各国（中国、ハンガリー、ポーランド、インド、北朝鮮、カナダ、エクアドル）を旅して日本国憲法第９条を広める活動を行います。

２００６年以降は、米国憲法に日本国憲法第９条の理念を取り入れるための憲法修正条項を議会で審議開始させるための運動を展開。平和退役軍人会（ＶＦＰ）トップのお墨付きを得て、以後毎年連邦議会上下両院の全議員５３５名に宛てて議会での証言を要請する手紙を送り続けました。

米国憲法の改正は日本と違い、現行の憲法は残したまま、新しい修正条項を加えることで行います。米国連邦議会で憲法修正条項を正式に審議開始するためには、連邦議員が（1人でも良い）議会で〝有権者から憲法修正条項に対する当該提案があったこと〟を証言し、その事実が議会議事録に残ること、が最初の手続として必要なのです。

２００８年5月に日本の幕張メッセで初の「９条世界会議」が開催されました。この会議で主要なゲストスピーカーとして講演するために来日するのを心待ちにしていたオーバビー博士でしたが、２００７年の来日を最後に再び日本に来ることはありませんでした。

私との関わり合い

私は2007年を最後に日本に全く来られなくなったオーバビー博士のその後の動向が、とても気がかりでした。当時私はカナダのトロントやアメリカ、ニューヨークに毎年長期滞在していましたが、博士のご自宅があるオハイオ州アセンスを毎年訪問していました。博士のこれまでのアメリカでの活動、日本との関わり合いを確かめるとともに、「9条を世界に広める」博士の信念と覚悟に直接触れたかったためです。

「アメリカ合衆国憲法に日本国憲法第9条の理念を取り入れる修正を」との活動に生涯をかけ、夢を実現することなく亡くなったチャールズ・オーバビー博士は死の直前、日本国民向けのビデオメッセージで「日本の皆さま、全力で憲法第9条を生かし続けてください。第9条の理念こそ、地球上の全人類にとって最も重要な宝物ですから」と叫ばれました。

彼は「戦争の原因の一つは、地球上の有限の資源を食い尽くしてまで経済成長を追い求める人間の貪欲にある」と言い、GTBD（Green Technology by Design、エコな製品設計）、人口の抑制、および経済のグローバル化の抑制を渾身の力で終生主張し続けました。

私との最後の面談になった2017年4月29日、亡くなられる4か月前のオーバビー博士と奥様

オーバビー博士は晩年、「日本の憲法9条は原爆の炎の中で無念にも犠牲になった無数の魂が不死鳥となって蘇った賜物である。決して死なせてはならない」と常々語っていました。そして広島の原爆投下による白血病により12歳で亡くなった佐々木禎子さん（「原爆の子の像」のモデル）のお墓のそばに自分の遺灰を埋めて欲しいと私に遺言を残されました。

オーバビーさんとの親交を通じて、また自分の人生経験を振り返って自信を持って言えることは、戦争とは「表向きの大義名分はどうであれ、結局のところ経済すなわち金儲けに明け暮れる軍需産業ビジネスへの貢献であり、軍需産業などの集金・集票力に依存して自分たちの名誉欲・権力欲を満たそうとする志（こころざし）とは名ばかりの政治家と、飽くなき利益追求に明け暮れる資本家の合作事業」に過ぎないということです。

そしてその被害を一手に引き受けるのは、権力に盲従(もうじゅう)する善良で慎ましい一般国民です。はっきり言って軍隊は国民一人ひとりの生命と財産を守るためではなく、支配階級に都合の良い統治機構を守るために存在するのです。従って軍隊は、時に国民に刃を向けることすら現実に何度もありました。

今ほどこのことを、憲法に無関心、あるいは無関心を装う人たちに伝える、重要な時はありません。

第7章　防災平和省と「災害救助即応隊（ジャイロ）」実現のロードマップ

1　国会で実現させるためには

防災平和省を新設し、傘下に自衛隊を衣替えした「災害救助即応隊（ジャイロ：Japan International Rescue Organization）」を配するプロジェクトを実現するには、志を同じくする国会議員が議会の多数派を構成し、この政策を国会の多数決で承認決議する必要があります。

となれば、早速手をつけなければならないのは、真っ当な日本を取り戻す志を共有する仲間を急いで糾合し、行動を始めることです。

死刑制度廃止や児童虐待防止のように国家安全保障の問題とは少し離れた人権問題などであれば、与野党を超えて超党派の議員連盟などを結成して目的を達することも可能です。しかしこと安全保障の問題ともなると、与党はもちろんのこと野党の間でも意見は割れています。日本の政党はアメリカの政党と異なり、党議拘束制度が厳然と存在し、所属する政党がいったん決めた政策にすべての党員は必ず従わなければなりません。

ちなみにアメリカは日本と決定的に異なり、民主党員であれ共和党員であれ、自分の良心と考えに従い、必ずしも党の決定に従う必要はありません。民主党のオバマ大統領（当時）が進めた国民皆保険制度を、民主党員でありながら反対する議員も現実に存在しました。いっぽう、党議拘束の制度が徹底しており、あらゆる政策が党の政策審議会・調査会を通じて決められている日本では、残念ながらそうはいきません。たとえ政権与党が承認した政策であっても、内閣の閣議で全会一致で決しない限り法律案として国会に提出できません。

そんな窮屈な制度に縛られている日本の政党政治を前提にすれば、この真っ当ながら現状では画期的といえる国家安全保障政策を実現するために、超党派議員連盟的運動はうまく機能しないでしょう。残念ですが次の二つの方法のいずれかしか考えられません。

①新党の立ち上げ

既成政党の現職議員の中から、非武装中立による国家安全保障政策に賛成する議員を発掘して勧誘し、5名以上集めて現職議員で新しい政党を立ち上げます。

政党交付金交付対象の政党となる要件を満たすほどの勢力（1名の国会議員を擁しかつ直近の衆議院総選挙、参院は過去2回の選挙で全国を通じた得票率が2％以上の政治団体、または現職国会議員5名以上を有する政党）となるのはそう簡単ではありませんが、志のある現職議員は必ず存在するはずです。

新党はたとえば次のような綱領を掲げます。

新党の基本綱領（案）

(1)自衛隊の廃止
(2)災害関連官庁を一元化し防災平和省を創設、傘下に国際災害救助即応隊（ジャイロ）を付属させる
(3)日米保条約破棄、安全保障法制の廃止
(4)全原発の即時廃炉

(5)経済成長至上主義と決別。消費税はじめ税制の抜本的見直しによる、厚みのある中間所得層の形成

(6)死刑制度の廃止

(7)裁判員制度改革（政府・自治体に対する国家賠償責任、行政不服審査など行政訴訟をこの制度に加える）

(8)その他国民の気持ちに寄り添う各種政策（詳細は今後同志の意見を集約して決定）

②「護憲連合会派」の結成

既存の政党の綱領を検討してみたところ、共産党や社民党は綱領で明確に非武装中立ないし非同盟を掲げ日米安保についても解消を目指すとしています。実現の時期についていずれも明確さを欠いているのが残念です。国会に議席はありませんが、かつては国会議員5名を要し自衛隊合憲論に変節した村山富市首相誕生時に社会党と決別した新社会党や緑の党も、非武装中立を掲げています。れいわ新選組や立憲民主党などは綱領には掲げないものの、憲法を護る点では我々と一致しています、これら既存の護憲リベラル政党の政策責任者（政策調査会長など）を糾合して意見をすり合わせ、既存の政党は

存続させたまま、それぞれの政党の政策綱領の一部を非武装中立政策に沿った内容に修正、非武装、日米安保破棄を旗印とする真の護憲連合会派を衆参両院で結成します。

以上二つのいずれかの方法で、本書が提案する政策を国会で実現する勢力をそろえる必要があります。無所属議員の中から同志を5人以上糾合できればそれも一案ですが、恐らく不可能でしょう。次回の総選挙で新党を立ち上げて新人を募ることもできないわけではありませんが、現職議員があらゆる面で圧倒的に有利な今の選挙制度の下（特に世界一高額の供託金を用意しなくてはならない）では、新人が当選する可能性は限られます。

たとえ少数であっても真の護憲、非武装、日米安保廃止で現職国会議員の同志の糾合に成功したら、早急に保守政党良識派にも呼びかけ、超党派的に9条堅持・安保反対議員の輪をさらに広げて同志勢力拡大に努めます。

市民レベルでも、「9条の会」を含め全国的に「自衛隊・安保廃止国民連合」を組織し、広く有権者を巻き込んだ全国運動を展開、国政選挙で国会の過半数議席獲得を目指します。

国会の議席の過半数の同志を結集、獲得できたら、早急に日米安保条約の破棄を国会に提案し、可決にこぎつけます。

安保破棄が決まったら、即時アメリカ政府に通告し、条約破棄されるまでの1年の間に、

・防衛省の廃止、防災平和省の創設、関係省庁の統廃合実施
・防平省創設に伴う防災関連諸官庁から及び自衛隊員の防平省への所属変更手続き
・「災害救助即応隊（ジャイロ）」隊員の追加募集、併せてインフラ整備（駐屯地、避難所の建設、輸送船、輸送機、重機調達など）

といった施策に着手します。

2　実現可能性を探る

2025年に防衛省と自衛隊を廃止して防災平和省と国際災害救助即応隊を完成させるには、2023年内にも実施される可能性の高い衆院選挙に向けて、何とか改憲勢力と互角の闘いをすることが必要です。そのためには護憲勢力を一本化して全小選挙区で

与党と1対1の闘いを進めるしかありません。2022年の安倍元首相暗殺でハッキリした自民党とカルト宗教「統一教会」との選挙協力や政策協定に署名といった癒着関係、オリンピック・パラリンピックの不正、閣僚の失言、選挙違反などを材料にして、自民党候補者の落選運動を展開する必要があります。

公明党と支持母体である新興宗教の創価学会の関係については、政教分離問題は解決済みと公明党は主張しますが、旧統一教会問題ではこれを蒸し返されたくないためか、及び腰の対応が見られました。2022年12月の安保関連3法の閣議決定に公明党が賛成したのも、統一教会に対する被害者救済法案で創価学会の寄付集めに影響が及ばないよう手を緩めてもらう、自民党との取引のようにも見えます。

さて、既成政党との関連では、私は非武装中立を明確に党の綱領にして全国に組織を持つ新社会党と、非武装非同盟を目指す社民党に深い共感を寄せています。非武装中立日本の実現には新社会党・社民党と私たち市民がお互いに協力して運動のコアとなって活動を全国に広げて行けたらと考えています。この小さな塊を核とし、リベラル護憲政党の立民や共産、れいわ新選組が加わって大きな塊に発展したら理想的です。

私自身は社会主義という前に資本主義の中にあっても、独占禁止法等などの法律の厳格な運用と労働組合組織率のできる限り100％化により、資本家の搾取・横暴を押しとどめ、労働者がほとんどである市民の安心な暮らしを守ることは可能と考えています。

運動のスタートは早く切れば切るほど、本書の構想実現の時期は早まります。自公政権は自衛隊を憲法に書き加えて9条2項を無意味化する方向に変わりはありませんから、なりふり構っていません。「理想とする日本の姿」をはっきりイメージして改憲の動きに大きな逆回転圧力を加えない限り、「憲法第9条の非武装理念の実現」はそれこそ永久に露と消え去ります。日本は米軍の都合で再び戦火を交え滅亡、沈没する運命に向かうことになるでしょう。

たとえ実現が1年やそこら遅れるにしても、今すぐ総力をあげて、改憲ストップのための行動を起こす必要があります。まだ間に合います。希望をもって真っ当な国民の総意・エネルギーを集めて戦争の惨禍が再び起こらないよう非武装を実現し、明日にも襲ってくるかもしれない巨大地震などの自然災害に備えようではありませんか。

究極の世界平和の実現には、世界連邦制度が必要でしょう。国家の主権を制限し（独立主権国家といえども絶対的主権を放棄）、外交や環境問題など全地球的な問題の解決に当たっては、連邦を構成する国家の主権に制限を加えるという発想（相対的主権）です。

世界連邦構想の前段階として、東北アジアで地域連邦制度（東北アジア共同体）など、国境を超えた地域をカバーする共同体の創設など高邁な目標を掲げるのも結構です。

しかしまず日本は、独自に単独でも出来ること、すなわち率先して「非武装中立国家」に変身することを目標に掲げるべきと思います。読者のみなさんには本書が提案する大胆な非軍事力による国防について賛同いただき、自衛隊の廃止により現行憲法の理念を実現しようとする平和政党、平和候補者に一票を投じてもらえることを切に願っています。

悪夢のあとの夢物語

もし不幸にも自民党の改憲案が国民投票で可決され、実質的に憲法9条が無くなってしまったらどうするか——。

政治家ならこんな時、「仮定の問題にはお答えできません」（かつての吉田茂首相）と常套句で逃げますが、仮にそうなったら、有志でユートピア「蝦夷琉球共和国」を建設しようではありませんか。

万一にも憲法第9条が亡き者にされる事態になるならば、次の手はそんな日本に見切りをつけて〝第二日本〟を誕生させるしかありません。江戸時代以前には日本に支配されてはいなかった北海道（旧蝦夷）と沖縄県（旧琉球王国）をひとつの共和国にして独立させ、明治維新の動乱期に榎本武揚が目論み挫折した「蝦夷共和国」ならぬ「蝦夷琉球共和国」を誕生させるのです。

この2つの道県で面積は現在の日本の22・7％、85・73千平方キロメートルになります。現存の国ではオーストリア（2016年の人口874万人）、スイス（2016年の人口833万人）を凌ぐ、115番目の領土面積を持つ国の誕生です。軍隊の無い理想憲法を持ち、夏と冬のリゾート地としての条件に恵まれた人口1500万人から2000万人ほどの美しい理想郷が誕生すれば、世界からこの美しい平和国家を目指して優秀な頭脳と経営能力を持った経済人が多数移住してくるでしょう。

独立後は新憲法を定め、憲法第9条はそのまま踏襲し自衛隊を完璧に廃止するだけでなく、日米安保条約の効力も及ばない非武装中立国を宣言します。皇室も天皇制もない完全な共和国の誕生です。独立後は速やかに美しい共和国に相応しい新憲法を制定しましょう。経済的には観光収入と農業、そして現在北海道、沖縄地域で活動している製造業ならびに新たに流入してくる製造業、そしてプロ野球日本ハムファイターズがあれば娯楽観光も含め、経済的基盤には事欠きません。

ちなみに日本の国会では既に通過してしまったIR法案ですが、新共和国ではカジノはご法度です（ラスベガスの実態を知る私の信念）。どれだけ経済効果があろうとも、賭博（刑法犯）に相違ないカジノを併設するIRは新共和国に相応しくありません。

共和国の国土は北と南と遠く離れて分断されていますが、マレーシアも間に外国（インドネシア）を挟んで国土は分かれています。

北海道と沖縄を失った日本はそれでも面積は29２・1千平方キロメートルとフィリピンと大体同じ国土面積を持つ、地球で73番目に大きな軍事大国で、不自由主義・非民主主義国家として残るのでしょう。

……私はこんな仮定の話をする必要などおきないよう、改憲発議がなされる前に祖国日本を真っ当な国家に世直しすることに全エネルギーを注ぎます。

終章　コスタリカは生き字引き

1　軍隊を廃止し非武装永世中立国宣言したコスタリカ

私はかねてより、日本は非武装永世中立を世界に宣言し実践すべきと考えてきました。そして平和憲法を持つ日本こそ、世界に先駆けて世界連邦の設立を構想し実現の旗振りをする資格があり、そうすべきとの信念を持っています。日本は決断さえすれば、他国の承認がなくとも単独で1年以内に日米安保条約と自衛隊を廃止し、非武装・永世中立を宣言できる立場にあります。

しかし、「中国、北朝鮮など近隣諸国からの脅威がますます大きくなっている中で非武装などできるわけがない」と考えている国民は、少なくありません。これには歴代自公政権による度重なる脅威の誇張や、いつまでたっても解決しない拉致被害問題（本当はわざわざ解決させせない？）なども関係しているのでしょう。つまり自衛隊の必要性を国民に納得させるための、政府の長期にわたる情報操作と言えなくもありません。

しかし本当に自衛隊が無いと日本は独立を守れないのか、感情論ではなく冷静に考えれば、結論は変わってくるはずです。実際、軍隊を捨てて真の平和を作り出すという大事業は、夢でも非現実的な理想でもありません。それは中米のコスタリカにおいて、70年前から実践され、現実にうまくいっているのです。

非武装中立を信念にもつ私ではあっても、軍隊を持たないコスタリカの実情を自分自身の目と耳と足で調べ、自分自身が納得することが先決と考え、２０１２年３月、初めてコスタリカを訪ねました。その際私は、政界・官界・司法界の要人と面談を行いました。同じ年の９月、２回目の訪問ではパナマ、ニカラグアなどとの国境の視察やバナナ農園も訪れ、一般市民との対話を通じて、非武装中立による平和は現実可能であることを自分の目で確認しました。そして２０１６年３月、３回目の訪問では、主にコスタリカの環境問題や自然保護の取り組み、そして税制などについても調べてきました。

コスタリカ訪問報告は私のホームページ（奥付にＱＲコードあり）でご覧ください。

常備軍を廃止したコスタリカ憲法の条文

まずは常備軍の不保持を規定しているコスタリカ憲法第12条を見てみましょう。以下は憲法12条で常備軍の廃止を謳っている部分です。

【英文】
Article 12. The army as a permanent institution is abolished. There shall be the necessary police forces for surveillance and the public order.
Military forces may only be organized under a continental agreement or for the national defense; in either case, they shall always be subordinated to the civil power; they may not deliberate or make statements or representations individually or collectively.

【筆者の和訳】

第12条　常備軍は廃止する。公の秩序と監視のために必要な警察力はこれを保持する。

軍事力は大陸内の協定（リオ条約、米州機構）ないし自国防衛のためにのみ組織することが出来る。そのどちらの場合も文民の統制下におかれなければならない。それら軍事組織は個人的に、あるいは集団的に、いかなる行動であってもこれを実行したり声明や抗議・陳情をしてはならない。

つまり、クーデターや反乱をはじめとする軍単独の行動を一切してはならないとする条項と言えます。

コスタリカ憲法に対する日本での評価はいろいろあり、立場によって主張も異なります。ひとつは護憲派が「常備軍は保持しない」のみを強調するのに対し、改憲派は「有事の際には再軍備を許容している部分を護憲派は触れないことが多い」と反駁します。しかし護憲派も、国会が有事と判断した際に再軍備が可能なことは承知の上で、これまで一度も再軍備を実施したことはなかったことに鑑み、コスタリカ憲法を評価している場合がほとんどです。

そもそも「常備軍を持たない」ということは「軍隊を持たない」というのと同じです。軍隊は自衛隊のように常日頃から訓練を重ね、兵器を整備して不測の事態に備えています。有事が起きてからいくら泥縄式に軍隊を作っても、武器の使い方もわからない素人集団で戦争などできるわけがありません。

また改憲派は「コスタリカ憲法は徴兵制度を認めているし、集団的自衛権を認めた上で軍備を全廃している」と完全非武装憲法ではないと主張します。そして「日本の護憲派は日米安保を否定し、集団的自衛権行使も憲法上否定されていると言うが、それはまったく非現実的である」と批判します。

しかしこの改憲派のコスタリカ憲法に対する懐疑的主張にはかなりの誤解があり、その一つとして、「コスタリカは徴兵制度さえ実施する用意があり、軍隊を廃止した国と言い切れない（コスタリカ人の要件を定める第2節の第18条の条文と121条）」とする主張があります。ここでは詳しい憲法の条項の説明は省略しますが、コスタリカの徴兵制は強制的な徴兵ではなく、召集された人は良心的徴兵拒否権の留保が認められており、拒否することが可能なので絶対強制の戦前の日本の徴兵制度とは全く異なります。

いずれにしても、過去70年近くの間に再軍備を決議するような事態になったことは一度もありません。私は何人かの国会議員に直接インタビューしましたが、彼等は皆、コスタリカがまた再軍備をするには憲法改正が必要であるとさえ述べていました。

永世非武装積極的中立宣言により平和を維持

１９８３年11月17日、積極的永世非武装中立に関する大統領宣言が、モンへ大統領によってなされました。当時はまだ米ソ対立の冷戦のただ中で、中南米諸国もその影響を受け、各地で内乱が起きていました。その中でニカラグアでは、１９７９年親米のソモサ政権が倒され左派のサンディニスタ政権が誕生、他方でコントラと呼ばれる反政府ゲリラが組織され内乱となりました。

コスタリカ政府に対し、アメリカはコスタリカにコントラを支援するよう圧力をかけますが、コスタリカ内の左派および中央アメリカの左派勢力は、ニカラグア政府側を支援するように圧力をかけてきました。レーガン政権はイランコントラと呼ばれるＣＩＡの違法資金を使って、親米勢力を支援するためニカラグアの内政に引き続き強い介入を続けました。

コスタリカはどちらに肩入れしても戦争が起こりかねない板ばさみの中で、戦争を避けるためにこの中立宣言を出しました。「積極的中立」の言葉には、どちらの味方もしないだけでなく、紛争解決にコスタリカが仲介役を買って出る意味が込められています。

2　完全非武装化が現実に可能なことはコスタリカが証明済み

地理的にコスタリカと似たような位置にある中南米の諸国において、パナマとコスタリカ以外の国は軍隊を持っています。それにもかかわらずコスタリカが軍隊を廃止しそれを国是として維持している事実、そこに日本が学ぶべきことがあると私は考えています。コスタリカの実態について、実際は準軍隊を保有しているとか、警察といっても軍隊以上の戦力を持っているとか、軍事予算は隣国ニカラグアの3倍もあるなど、噂的なものも含めインターネット上などで諸説が飛び交っています。日本では、憲法第9条を護ろうとする側も変えようとする側も、コスタリカの自分たちに都合のよい一面だけを切り取って、相手側を攻撃しているように見えます。

私はこれまでの3度の実地調査を通じて、コスタリカに対する否定的なネット情報はほとんど事実ではないことを確認しました。もちろん小国で経済的にも日本よりはるかに貧しい国ですから、問題は多々あります。特に近年、麻薬蔓延の問題は深刻で、警察が取り組む最大の課題になっています。

しかし、こと国の安全保障については、軍隊がなく警察力で国防も担っており、憲法12条を70年以上かたくなに遵守している平和国家なのです。福祉や教育も不十分な点は色々あるにしてもかなり行き届いており、人権を大事にして自然を大切にしています。外交もどこの国とも等距離外交を行っており、国家として魅力溢れる小国です。

よく「小さい国だから出来たのであって、経済大国・人口大国の日本では同じようには出来ない」という意見を聞きますが、それは間違いです。コスタリカの人口は2022年度世界銀行統計によれば人口520万人、200ヵ国中122番目です。コスタリカより人口、国土面積の小さな国は数多くありますが、そのうちの人口10万人以上の国はほとんど軍隊を保有しています。例えばニュージーランドは人口490万人とコスタリカより小国で日本と同じ島国ですが、立派（？）な軍隊を保持しています。

コスタリカの警察には、①公安省に属する市民警察、②司法省に属する司法警察（日本の検察庁的職務も兼ねる）、③公共事業・交通省管轄の交通警察の3種類あります。

このうち、公安省管轄の市民警察が、軍隊に代わって国防の任務も担っています。大臣・副大臣の下に沿岸警備隊、航空警備隊、民間安全保障局、麻薬取締局、そして地方局の下に各所轄警察署があります。コスタリカの警察は、一部のネットで言われているように、軍隊のような重武装はしていません。

3　コスタリカの安全保障に対する基本的な考え方

コスタリカの安全保障政策は以下の3段階で行っています。

1. 理性的解決：まず紛争当事国同士の話し合いによる解決を図る努力をする。
2. 法的解決：国際司法裁判所への提訴を行い調停・裁判に持ち込む。
3. 国際的枠組みによる解決：米州機構（OAS）への調停を依頼。

コスタリカはリオ条約（米州相互援助条約）、米州機構による集団的安全保障体制に依存していますが、これは日米安保のような2国間の軍事同盟的条約とは全く違います。

コスタリカには軍隊がないため機構によって安全を保障してもらうのみで、機構が行う安全保障行為に対して軍事協力は行わないこと（軍隊派遣義務の免除）を条件に加盟しています。米州機構に加盟している他の加盟諸国も、コスタリカのこの条件付きの加盟を認めています。

すなわちコスタリカは自国の安全保障について、「有事における対応を技術レベルでは用意しないこと、そしてそのことを世界に公言することが最大の有事対応である」と考えているのです。

日本が近い将来、北東アジア共同体を結成し、その中で集団安全保障条約を締結することになった場合、この先例に倣い、非軍事による平和貢献を鮮明に宣言したうえでの加盟の道を探ることになるでしょう。

4　コスタリカはアメリカ追随一辺倒でも反共国家でもない

コスタリカがアメリカの友好国であり、観光客のほとんどがアメリカ人で、年金生活者の移住者でも米国人が圧倒的に多いのは事実です。確かにコスタリカ経済はアメリカ経済に大きく依存しており、アメリカの多国籍企業は２５０社以上コスタリカに進出しています。

しかしだからといって、コスタリカはアメリカの属国ではありません。この手の誤解は日本人の間でも大変多いので、コスタリカとアメリカの本当の関係を見てみましょう。

価値観としての民主主義や自由主義はアメリカと共通ですが、軍事的にはアメリカ依存一辺倒というわけではなく、米州機構、国連など幅広く集団安全保障の枠組みを構築しています。中米はアメリカにとっては大変重要な地域で、中南米で共産主義的な反米政権が誕生したレーガン大統領時代、アメリカは徹底的に内政干渉をおこない、ＣＩＡを使って何度も社会主義政権を潰そうとしました。

そんな中でコスタリカは今日まで、米軍に軍事基地を一つも作らせていません。最高裁のナンシーさんに私が「コスタリカには米軍基地があるのでは？」と質問したら、即座に「もし疑うならヘリコプターをチャーターして国土すべてを上空から調べてみたらどう？　コスタリカは国土が狭いから基地の有無などすぐわかります」と言い返されました。

アメリカはコスタリカを再軍備させてニカラグアなどを牽制するように圧力を加えたこともありましたが、コスタリカは最後まで言うことを聞きませんでした。つまり親米政策は貫いているものの、軍事的には一切アメリカの要請やアメリカへの協力を拒否してきました。基地を置かせないことはもちろん、日本の小泉首相（当時）のように、イラクに自衛隊を派遣してアメリカのブッシュ政権に協力するようなことは絶対にしませんでした。もっともコスタリカには軍隊が無いのですから協力しようにもできません。コスタリカは警察力によるイラクへの協力はもとより、支援国に名を連ねることすら結局しなかったのです。当初コスタリカは有志連合国として名前が載りましたが、今も度々来日しコスタリカの紹介活動をしているロベルト・サモラ弁護士が法学部学生時代に憲法違反として憲法裁判所に訴えて勝訴した結果です。

私はコスタリカ外務省を訪問し、政策局長でハーバード大学の博士号を持つハイロ・エルナンデス・ミラン氏と面談しましたが、彼は「コスタリカが軍隊を捨てた政策は極めて理にかなっている」と誇らしげでした。アメリカ一辺倒では決してない姿勢も、会話の中で明らかでした。

コスタリカの人々に軍隊を廃止したことについて、その理由をいろいろ聞いてみても、彼らはただ「軍隊がないから基地もなく、軍人が軍服で国内を闊歩することなど国民感情が許さない」と当たり前のように言うのみです。

なぜコスタリカに米軍基地はないのか

なぜ日本には沖縄を中心に米軍の膨大な基地があって、コスタリカにはないのでしょうか。コスタリカには自衛隊（軍隊）がないのでいくら小泉首相的な大統領がコスタリカに生まれたとしても協力しようがないのは当然としても、基地の提供ぐらいは強く要請される気がします。

そこでよく考えてみると、ここにこそアメリカの基地戦略があることに気づきます。中米はアメリカの裏庭とも言われ、目と鼻の先にあります。ここに基地を作って米軍を駐留させても費用がかさむばかりですし、兵隊も故郷を離れて暮らすことにあまり賛成しないでしょう。つまり、あまりにもアメリカに近いため、あえて国外に駐留する軍事的意味が少なく、そのコストや兵隊たちの不平などのマイナス面を考えたら基地を置く意味が少ないのです。

とは言え、それだけの理由でコスタリカに米軍基地もない、軍隊もないと単純に考えてはいけません。もっとアメリカに近い隣国のニカラグアやエルサルバドル、グアテマラなどには軍隊があり、中南米諸国ではボリビアのように米軍基地のある国も多くあります。

アメリカはイギリスから独立した際、トーマス・ジェファーソンやジョージ・ワシントン等いわゆる建国の父（founding fathers）と呼ばれる人たちが、建国の理念として基本的人権、生命、自由、幸福追求の権利を高らかに宣言した新興国家です。したがって国民のこれらの権利を奪うような施策は、そもそも建国の理念に反します。コスタリカが人権、自由、幸福追求を求めて国家の意思として意見を言う時、アメリカは正面切ってこれを否定することはできないのです。

アメリカはこれまでも対外的に干渉を行い、武力行使を行う場合には必ず合衆国の建国理念を持ち出します。これらの諸理念に基づく国民の権利がその国の暴君・暴政によって奪われているのでその回復の手伝いをするのだ、と言ってきました。イラクなどへの侵攻もアメリカはイラクの自由・人権回復をその大義名分にしました。

だから、中米の模範的な民主主義国コスタリカの主張や要求を踏みにじることをしたとすれば、これまでの内政干渉、戦争の大義名分と矛盾することになります。これまでやってきた戦争や内政干渉の大義名分がみな嘘だったことになるので出来ないのです。アメリカはコスタリカを自由主義国、民主主義国のモデルとして中南米諸国の模範として活用したいのです。ですから、コスタリカの嫌がることを押し付けるなどして、民主的な国コスタリカを蹂躙することなどできないのは当然です（参考：『丸腰国家』足立力也著、扶桑社新書）。

翻って日本も、自由、人権、幸福追求のためにいやなものはいや、米軍の駐留および米軍基地には断固反対する、とはっきり堂々と主張をすれば、アメリカは模範的な自由主義、民主主義国日本の要求にノーとは言えないはずです。コスタリカはこの点をうまく使って、アメリカに対して外交上の勝利を収めてきたのでした。

コスタリカで空港へ向かう際の乗車中、観光ガイドやバスの運転手として生活しているアランさんという男性に話を聞きました。彼の「15歳、11歳、10歳の3人の自分の子供たちは誰も、軍隊が一体どういうものか見たことがないので知らない。おそらくアメリカ人の5歳の子供は、当然のように軍隊の存在や軍隊がどういうものかを知っているだろうに」と語っていました。彼はさらに「コスタリカの最大の産業は観光。そして観光の最盛期に来る観光客の90％以上はアメリカ人」と前置きしつつ、「もし彼らがコスタリカに軍隊を連れて来たり、コスタリカに軍隊を持てと強要したりするなら、自分たちは観光ガイドの職業を犠牲にしてでも彼らに来てもらわない道を選択するだろう」と語っていました。ここにも一般市民の強い平和志向が感じられました。

とはいえ一般の個人住宅を見ると、塀の上にまるめられた鉄条網が満遍なく張りめぐらされている光景をあちこちで目にします。国の安全と個人の安全は別。軍隊を捨て警察力に任せはしても、一般的な犯罪から自己の生命・財産の安全を守るのは個人の責任、と考えているのがよくわかります。国家の安全保障と個人の安全保障を同じように考えているわれわれ日本人は、未熟なのかもしれません。

5　軍事費がない分、教育・福祉に予算を多く配分

コスタリカでは、どんな辺境の地にも必ず学校があります。次頁の写真は海抜2500メートルの山の上にある小学校です。民主主義教育については、アメリカや日本より遥かに徹底して幼児段階から実施しています。

高等教育機関でも、平和を学問として教えています。首都近郊のコロンの少し先の山の上には国連平和大学（大学院レベル、1980年開校）があり、海外からの留学生を

多数交えた平和のための教育機関として高い評価を得ています。日本からも多くの留学生がやってきて、紛争の平和的解決方法などを学んでいます。私も国際紛争解決の授業を90分傍聴させてもらいましたが、ドイツ人女性教授の英語による授業はついていくのも大変、と思わず40年前のカリフォルニア大学バークレー留学時代を思い出しました。

コスタリカの平和外交は単に一国平和を目指すものではありません。こうした教育機関でこれからの平和外交を担う人材を広く世界から集めて育成しているのです。

２０１６年のデータですが、コスタリカの国家予算総額１兆７千億円のうち、国防予算を含む警察関係予算は４２０億円（２・５％）であるのに対し、教育関係予算は４８４０億円（29・５％）となっています。参考までに国債経費は５１７０億円（31・２％）です。

国家予算の規模も東京都よりずっと小さいとはいうものの、いかに教育に多くの予算をかけているか、日本とは比較になりません。

おわりに

安倍首相（当時）が改憲時期として公言した2020年までに、その真逆の防衛省廃止、防災平和省創設、自衛隊を「災害救助即応隊（ジャイロ）」に衣替えする計画を実現させせようと、本書の旧版を書き始めたのは2017年でしたが、元号も変わり、安倍氏から菅氏、岸田氏と首相が替わるまで、その実現は持ち越しとなってしまいました。

自公政権は、辺野古新基地の建設強行も集団的自衛権行使容認の強行採決も、国民はすぐに忘れるだろう、と私たちを舐め切っています。

その後を継いだ岸田政権は、当初は「聞く力」を掲げて悪政にいちおうのピリオドを打つかと思われたものの、閣議決定のみで戦後安全保障政策を転換させる暴挙を繰り返し、未曽有の国防費増大が、物価高で苦しむ国民にのしかかろうとしています。

そんな危うい時代であればこそ、一刻も早く膨張を続ける自衛隊と決別して憲法第9条に恥じない非武装中立の輝かしい平和国家を建設しなくては、と私は本書を通じて提案し、今回の新版においては、最新の情勢を踏まえて主張を補強しました。

ノルウェー・オスロ生まれで平和学の世界的権威と言われるヨハン・ガルトゥング氏は、クリエイティブな発想をする鳩山由紀夫元首相を思い浮かべながら、「新しいビジョンは社会に受け入れられるまでに4つの段階を経る」というドイツの哲学者ショーペンハウエルの指摘を引用しています（『日本人のための平和論』ダイヤモンド社）。

①沈黙：新しい考えに触れたとき、人々の最初の反応は沈黙である。
②嘲笑：「現実がわかっていない」「バカじゃないのか」と否定される（ガルトゥング氏曰く「鳩山首相はこの段階にいたが、本当は時代の先を行っていたかもしれない」）。
③疑い：「本当の狙いは何だ？」「だれかの回し者だろう」と疑いの目で見られる。
④同意：「私も前からそう考えていた」と言われる（この反応は政治家に多い）。

76年も変わらず存在し続けている平和憲法については、すでに国民の同意は得ていると考えてよいでしょう。であれば、憲法制定当時不存在であった自衛隊の廃止についても、新しいビジョンとは言えないはずです。

私は数年前、ヨハン・ガルトゥング氏の東京での講演を聴きましたが、彼は憲法に自衛隊を書き込むことについて、条文中に積極的平和主義を折り込むのであれば賛成との立場でした。日米安保条約についても、消極的ながら少なくとも反対はしていないことを知って大変失望しました。いかに高名な平和学者であっても、私の目から見れば残念ながら戦争することが常識のヨーロッパ人の視点からしか平和を考えられない人、との印象です。江戸時代、230年以上鎖国により外国と戦争しなかった歴史を持つ日本と、マッチョな欧米の歴史を背負った国民は違うのだ、と感じたものです。

その一方で、アメリカ人であるにもかかわらず、日本の憲法の実践をアメリカに呼びかけ続けたチャールズ・オーバビーさんの比類のない平和主義に、あらためて敬意を表したくなりました。

世界に誇る憲法9条を現実に手中に収めている我々日本国民は、外国の誰が言ったからとか言わなかったからとかではなく、独自に世界の恒久平和の道を実践していくことのできる、地球上唯一の国民であることを実感します。

本書を最後まで読んでいただいたみなさんは、これまでどうしてもうまく反論できなかった軍備必要論者・改憲派の主張に、自信を持って正論で立ち向かう材料・手掛かりを手にされたことと思います。

これからは私たちを「脳みそ、お花畑」と揶揄する人たちに、「その通り！　平和で美しいお花畑ですよ」と返し、逆に尋ねましょう。「みなさんの脳みそは一体どんなにお美しいのですか？」と。

みなさんと一緒に日本が世界の恒久平和を先導するために、「政治を変えるモメンタム（はずみ、運動量）」を作り出していけたら、著者として最高の喜びです。

さて、全国を講演行脚する中で、「非武装中立に賛成の私は、次の選挙で誰に投票すればいいのですか？」と質問されることがよくあります。確かに現状、国政政党の大半は「帯に短し襷に長し」です。今の政治状況の中で一歩でも非武装中立の実現に近づけるためには、有権者は棄権は絶対に避け、必ず投票に行き、野党と市民は一致協力して、せっかく投じた1票が死票にならない工夫と努力を選挙までにしておく必要があります。

具体的には、自公維国民と参政、政女48よりははるかにましな野党の新社会、社民、れいわ、緑、共産、立民の候補者（〝よりまし〟候補）の間で、全小選挙区で候補を一本化し、与野党対決選挙に持ち込む体制を作りあげておく必要があります。そして〝よりまし〟議員が国会の多数派になった暁には、今よりましな護憲内閣（〝よりまし〟内閣）を組閣することです。

政治家は政党を問わず、選挙民の顔色をうかがう日和見です。当選するためには多数が支持する世論に顔を向けざるを得ません。有権者が作り出す世論が非武装による平和を渇望しているとなれば、政治家は我々の方を向き非武装に向かうしかありません。〝よりまし〟内閣を組閣できたら非武装中立の世論を更に盛り上げて、理想的内閣にして理想である非武装中立日本を実現させるのです。

世論を盛り上げるには、あらゆる手段で非武装の理を宣伝することが必要です。誰でも・いつでもできる方法として、ピースアゴラ世話人で元東芝原発技術者の小倉志郎さんは、６年以上「ひとりデモ」を実践し、皆さんに推奨しています。個性あるメッセージを考えて自筆したプラカードをどこへ行くにも肩からぶら下げ、通り過ぎる人にアピールしています。

皆さんもご自分でできる範囲と方法で実践されたら、世論は想像以上に動くと思います。私は全国行脚し、本書をできるだけ多くの平和愛好者に手に取ってもらい、非武装中立の理に共感してもらう努力を続けます。今年9月1日は関東大震災100周年記念日です。「防衛より防災」、災害大国日本に必要な官庁は防災平和省であると提案する本書の出版にとっても、記念すべき年と重なりました。本書の提案に共感していただいた皆さんには、自らも積極的に本書を全国民に広めていただきたいと切望しております。

本書の刊行を快諾いただいた花伝社の平田勝社長及び編集・校正面等で適切なアドバイスをいただいた編集部の佐藤恭介氏のご尽力なしには、本書の出版にこぎつけることは不可能であったでしょう。深く感謝申しあげます。

2023年5月3日　76年目の憲法施行記念日に

花岡 蔚（はなおか・しげる）
1943年生まれ。1966年東京大学法学部政治学科卒、1975年カリフォルニア大学バークレー校経営学修士。1966年日本勧業銀行（現みずほ銀行）入行。カナダ第一勧業銀行副頭取。国内支店長を経て大手電機メーカー出向、取締役国際事業本部担当。銀行および出向先でニューヨーク、ロンドン、トロントなど15年以上にわたり海外駐在。2006年カリタス女子短期大学非常勤講師（時事英語）。
2003年「自衛隊イラク派兵反対集会」を機に市民運動に参加、オーバー東京（A9S）、コスタリカに学ぶ会会員、2004年以降チャールズ・オーバビー博士（オハイオ大学名誉教授）と博士の最晩年まで親交を結ぶ。9条地球憲章の会、SA9（Second Article 9、埼玉県日高市発祥の平和運動）、不戦兵士・市民の会、撫順の奇跡を受け継ぐ会、米軍基地をなくす草の根運動などの活動支援をしながら全国を講演行脚中。

著者HP：非武装中立「美しい日本」を目指すピースアゴラ
https://peaceforever-realize-by2025.com/

新版　自衛隊も米軍も、日本にはいらない！
――恒久平和を実現するための非武装中立論

2023年5月3日　初版第1刷発行

著者 ――花岡　蔚
発行者 ―平田　勝
発行 ――花伝社
発売 ――共栄書房
〒101-0065　東京都千代田区西神田2-5-11出版輸送ビル2F
電話　03-3263-3813
FAX　03-3239-8272
E-mail　info@kadensha.net
URL　https://www.kadensha.net
振替 ――00140-6-59661
装幀 ――佐々木正見
印刷・製本―中央精版印刷株式会社

ISBN978-4-7634-2061-9 C0036